U0167532

建筑屋顶雨水利用功能的设计理论及应用

韩晓莉　宋功明　著

中国建筑工业出版社

图书在版编目（CIP）数据

建筑屋顶雨水利用功能的设计理论及应用 / 韩晓莉，宋功明著. —北京：中国建筑工业出版社，2023.10

ISBN 978-7-112-29166-3

Ⅰ. ①建… Ⅱ. ①韩… ②宋… Ⅲ. ①屋顶-雨水资源-资源利用-结构设计 Ⅳ. ①TU231

中国国家版本馆CIP数据核字（2023）第180302号

本书依托气象数据定量分析城镇雨水资源利用潜力，总结建筑就地、即时、高效利用雨水资源的理论、设计方法与通用技术，完善建筑的生态功能，以城镇中量大面广的建筑主动调控雨水，以点带面减弱和消弭干旱、洪涝等多重灾害影响。本书分析建筑雨水利用相关的基本构成要素及其联动机制，针对西北地区城镇干旱、雨水年际分配不均，易发生洪涝、泥石流等灾害的自然条件，提出西北干旱、半干旱地区具有雨水利用功能的城镇建筑屋顶设计应遵循的基本原则与设计方法，并通过实际案例确证具有雨水利用功能的城镇建筑屋顶设计方法的有效性。本书对于城镇雨水资源的永续利用、水生态危机的缓解、城镇雨洪安全、洪涝风险控制、建筑的绿色高质量发展均具有积极意义。持续利用雨水资源的建筑必将为该地区建筑-生态-社会协同发展提供源源不断的动力、理论支撑、可选路径与项目示范。

随着我国建筑相关行业的高质量发展，资源高效利用日益成为建筑学、城市规划、景观设计与环境工程等相关专业研究工作的重点，本书中贯穿始终的建筑学专业研究方法是建筑院系本、硕、博学生应具备的技能，本书可为国内院校建筑学、城市规划、景观设计与环境工程等相关专业理论学习与实践提供参考。

责任编辑：王华月
责任校对：党　蕾
校对整理：董　楠

建筑屋顶雨水利用功能的
设计理论及应用
韩晓莉　宋功明　著

*

中国建筑工业出版社出版、发行（北京海淀三里河路9号）
各地新华书店、建筑书店经销
北京鸿文瀚海文化传媒有限公司制版
北京中科印刷有限公司印刷

*

开本：787毫米×1092毫米　1/16　印张：$10\frac{3}{4}$　字数：244千字
2023年10月第一版　2023年10月第一次印刷
定价：**59.00**元

ISBN 978-7-112-29166-3
（41883）

版权所有　翻印必究
如有内容及印装质量问题，请联系本社读者服务中心退换
电话：（010）58337283　QQ：2885381756
（地址：北京海淀三里河路9号中国建筑工业出版社604室　邮政编码：100037）

前言

资源可持续利用的绿色建筑是综合性很强的课题，近年来建筑学、城乡规划学、风景园林、环境工程、生态学等学科对这一领域的关注日渐增加。具有雨水利用功能的建筑屋顶设计理论及其应用以学科交叉为基础，揭示城镇建筑雨水资源的可持续利用方式及其对建筑设计理论与方法的影响，对建筑学科的深入发展具有积极意义。

具有雨水利用功能的建筑屋顶设计理论及其应用从西北地区城镇干旱、雨水年际分配不均，易发生洪涝、泥石流等灾害的自然条件分析入手，总结国内外古今建筑雨水资源利用的经验与智慧，依托气象数据定量分析西北地区典型城镇雨水资源利用潜力，总结利用建筑就地、即时、高效利用雨水资源的理论、设计方法与通用技术，完善建筑的生态功能，以城镇中量大面广的建筑主动调控雨水，以点带面减弱和消弭干旱、洪涝等多重灾害影响。本书分析了建筑与雨水利用相关的基本构成要素及其联动机制，指出西北地区典型城市具有雨水利用功能的建筑屋顶设计应遵循的基本原则与设计方法，并通过实际案例确证具有雨水利用功能的城镇建筑屋顶设计理论方法的有效性。

近年来，我国城市内涝不断加剧，雨洪管理成为城市建设主要考虑的部分之一。“海绵城市”的广泛建设体现出社会对城市水环境治理日益重视。“海绵城市”对雨水径流的管理主要集中在地面，建筑屋顶作为城市中巨大的汇水空间，其空间的有效利用可缓解高密度城市有限的地面空间在城市雨水“渗、滞、蓄、排”四个方面的局限，建筑屋顶对雨水径流的调控，为解决城市雨洪问题提供新的思路。

西安市作为典型性的西北地区城市，不仅体现出西北地区城市独特的气候特征和降雨规律，也体现出城市快速扩张过程中资源－生态－人居之间尖锐的矛盾。建筑屋顶的绿色化改造不仅可以解决有限的城市绿地在雨洪调控上作用难以发挥的难题，还能够完善城市雨水径流调控功能，并有效缓解西北地区集中性降雨所带来的城市内涝问题。本书从建筑学专业角度出发，将建筑绿色屋顶空间作为调节城市内涝，缓解雨洪问题的空间资源之一，发挥其在雨水利用及管理上的作用，改善西北地区城镇面临的雨洪问题。

研究通过现场调研，分类归纳，GIS数据分析，SWMM模型模拟方法，调查西安市建筑现有不同类型的屋顶空间的布局形式及其再利用潜力，比对分析国内外不同组合方式的建筑屋顶雨水收集利用的方法，筛选出在西安市降雨规律下适用的具有雨水利用功能的屋顶，研究以西安市碑林区西安建筑科技大学所属的建科大厦的屋顶空间为典型案例，研究城市不同功能建筑屋顶雨水径流调控效果，通过对其屋顶雨水排放过程进行SWMM模型模拟，证实运用上述策略的建筑绿色屋顶能够有效提升雨水径流调控效果，实现具有雨水利用功能的建筑屋顶设计理论到实践应用的转变，并推演出其在城市雨洪管理和雨水径流调控中的作用。具有雨水利用功能的建筑屋顶设计理论是遵循地域生态及社会规律改良城镇建筑体系，使建筑在提高物质能量循环效率的同时与人、动植物等产生良性互动，遏制生态退化与自然灾害发生，激发地域生态潜能，促进城镇的生态安全与人居环境的永续发展，再造自然－人居和谐的生存环境。

本书整合本领域多学科研究成果，调查分析地域典型建筑案例，以定性、定量、定位研究相结合的研究方法，将理论研究与实践相结合，建构西北地区典型城镇具有雨水利用功能的多类型建筑屋顶设计方法、策略和措施。

本书对于城镇雨水资源的永续利用、水生态危机的缓解，城镇雨洪安全、洪涝风险控制、建筑的绿色高质量发展均具有积极意义。持续利用雨水资源的建筑必将为该地区建筑－生态－社会协同发展提供源源不断的动力、理论支撑、可选路径与项目示范。

研究过程受到国家自然科学基金面上项目：基于雨水循环利用的黄土沟壑区城镇建筑营建体系构建及应用（52178025）、基于生态高效修复的黄土沟壑区建筑绿色营建及系统设计方法研究（51478374）的资助。

本书是在西安建筑科技大学对西北地区人居环境研究大的氛围下展开的，刘加平院士、王树声教授、雷振东教授等几位教授给予了支持，西安建筑科技大学刘茵、曹洁真、苗元耀等老师提供了帮助，研究生段良斌、孙聪聪、史小珂、周艺贤、牛子聪、岳红岩、杨梦洁、郭志瑞、钱昱斌、姚发、刘夏、夏铭浩，特别是张晋菘同学提供了第5、6章的图表，本科生宋景辰、韩雅楠等同学进行了调研与图表整理工作，在此一并予以感谢！在本书的编辑过程中始终得到中国建筑工业出版社王华月编辑的关注。尤其感谢我的母亲和家人给我生活上的巨大支持。

西部地区人居环境及高效利用资源的建筑设计理论的探索迫切需要更多专业人员的参与，实践中的改进刻不容缓，都促使本书作为阶段性成果的出版，欠妥之处甚至谬误之处在所难免，敬请各位学者、专家、同仁斧正！

韩晓莉　2023年3月于西安市

目 录

第1章　引　言

1.1　研究的背景

1.1.1　雨水资源高效利用是国家战略要求

党的十八大报告明确提出“面对资源约束趋紧、环境污染严重、生态系统退化的严峻形势，必须树立尊重自然、顺应自然、保护自然的生态文明理念，把生态文明建设放在突出地位”的要求，推进建设海绵城市。海绵城市是指城市像海绵一样，在适应环境变化和应对自然灾害等方面具有良好的“弹性”，降雨时可以吸水、蓄水、渗水、净水，需要时将蓄存的水“释放”并加以利用。随着国内生态文明与可持续发展理念的加强，国家颁布了一系列政策条文推进海绵城市建设，2013年6月住房和城乡建设部《住房城乡建设部关于印发城市排水（雨水）防涝综合规划编制大纲的通知》要求地方提交城市排水防涝设施、雨水灌渠、雨水调蓄措施和低影响开发相关建设任务汇总表。2014年10月住房和城乡建设部《海绵城市建设技术指南—低影响开发雨水系统构建（试行）》提出雨水系统构建的基本原则、规划目标、技术框架，明确雨水系统构建的内容、要求和方法，并提供实践案例。2015年7月住房和城乡建设部办公厅《关于印发海绵城市建设绩效评价与考核办法的通知》明确了海绵城市建设绩效考核的6项具体考核指标和3个考核阶段。2015年8月水利部《水利部关于推进海绵城市建设水利工作的指导意见的通知》明确了水利工作的总体思路、主要任务和工作要求。城市雨水资源高效利用是在我国广泛推广与建设海绵城市基础设施的基础上，解决城市内涝、径流污染、水资源短缺、用地紧张等突出问题的新思路。

1.1.2　具有雨水利用功能的建筑是海绵城市理论在建筑学科研究领域的拓展

“海绵城市”的概念是国内根据国外低影响开发（Low Impact Development，简称LID）提出的城市建设指导方向，“海绵城市”以海绵比喻具有吸收雨水功能的城市，通过在暴雨灾害时对城市雨水的吸收、渗透、储存、净化，实现城市灾害预防与水资源可持续利用。低影响开发于20世纪70年代在美国佛蒙特州的土地规划中被提出，主要针对城市水源地等敏感区通过模拟场地开发前的水文过程，避免城市开发对自然水文过程和生态环境的不利影响，保护和修复自然水文特征。Zahmatkesh，Z等（2021年）通过调研位于旧金山湾区的8个采用LID设计站点和8个采用传统景观设计站点用户反应，得出大多数人欣赏和认可LID景观，也表明新的LID场地和设施可以作为旧金山湾区和其他城市地区未来项目的参考模型。JiangAlbert Z等（2021年）指出在气候变化下LID措施可以降低雨洪流量的峰值。Uchiyama S等（2022年）使用暴雨管理模型（SWMM）模拟短期和长期降水下分布式3种城市规划场景（建筑层、开放空间和联合实施LID）中LID的效果，结果表明LID措施可减少短时间强降雨造成的洪水量，具有明显的防洪减灾效果。

中国建筑标准设计研究院（2016年）编制的《城市道路与开放空间低影响开发雨水设施》使我国LID设施设计更加标准化，对LID设施设计与应用效率的提高起到积极作用。Huang Jeanne Jinhui等（2022年）以天津空港经济区为研究区域，针对不同预算、土地利用、土壤表层和地下水及当地气候等条件，采用遗传算法（GA）、SWMM模拟城市径流对LID设施选择和布局进行优化，旨在减少径流、降低LID设施面积和全生命周期成本，结果表明，大面积生物保留是首选措施，绿色屋顶具有成本优势，LID方法的组合是减少径流的最有效措施。Abduljaleel Yasir等（2021年）指出LID与常规雨水系统组合可有效减少风暴下集水区的流量。Siehr Stephanie A等（2022年）结合水文和植被景观等自然条件提出中国高密度大城市以蓝绿基础设施（BGI）提供更多生态和社会功能，为城市节能、碳中和和气候适应能力提供支持。

上述研究证明建筑学科具有雨水利用功能的建筑研究能够大大提升海绵城市雨水管控的效果，落实低影响开发中雨水管理设施的规划标准、建设方法和具体措施。

1.1.3 具有雨水利用功能的建筑是西北干旱、半干旱地区城市健康发展的需要

中国正处于经济结构优化的重要时期，突破资源－环境对社会－经济的刚性约束，必须依赖资源高效可循环利用。水安全就是制约社会经济发展的突出问题之一。一方面暴雨、山洪、泥石流灾害频发威胁城镇安全；另一方面干旱缺水与水污染问题限制了城市生产、生活和生态环境改善，水供给与水防御危机并存。城市必须从盲目扩张向内部提效转变，充分挖掘城市内部空间的潜力以增强城市韧性。我国西北地区气候干旱、降水不均、地形多样、土壤渗透能力强、植被稀少，随着城市的迅速发展缺水现象尤其突出，同时集中性降水带来的洪水、内涝、滑坡、泥石流等灾害也时常发生，因强烈的日照、风沙、干燥及温度变化带来较低的城市环境舒适性均有待改善。高质量城市建筑可以以建筑化零为整地改善生态环境，其示范效应为城市持续健康发展创造条件。具有雨水资源利用功能的建筑对于人均水资源量不足世界平均水平的1／24的黄土沟壑干旱半干旱地区是以绿色创新发展为该地区社会、经济、生态问题提供了解决思路。以延安市[①]为例，其城市重度缺水，具有雨水资源利用功能的建筑可以降低过度抽取地下水和远距离调水带来的水生态问题（土壤沙化、水源争夺、污染传递、地裂缝、地面沉降等），避免当前城镇建设中地

① 延安市人均水资源占有量仅为612m^3，是全国人均水资源占有量的1/3，属典型的资源型缺水城市。按照国际公认的标准，人均水资源低于3000m^{3}为轻度缺水；人均水资源低于2000m^{3}为中度缺水；人均水资源低于1000m^{3}为重度缺水；人均水资源低于500m^{3}为极度缺水。

表压实、覆盖的做法阻断雨水渗入地下的自然循环，保持场地原有水平衡，从而提升地下水长期供给能力。延安市雨水水量是地表水与地下水资源总量的6～7倍，每公顷可有水3000～6000m^3，而雨水集流利用潜力每公顷可达15000m^{3}以上。陕北城市多沿河呈串珠状分布，城镇在短时间强降雨条件下汇集的雨水增加了整个流域的洪峰压力，城市内部调蓄和利用雨水能够有效减缓流域雨洪灾害形成，建筑对雨水的即时利用有助于缓解水供给压力，缓解城镇水资源短缺。西安市作为中国历史最悠久、千万人口的城市之一，在强降雨天气下部分立交桥地下通道积水十分严重，使交通阻塞出行困难。2021年西安市平均降水量1066.7mm，较常年同期偏多75.2%，极端强降水持续时间长，频次高，雨污水混合排水系统中，排水管过载导致混合的污水淹没地下设施，建筑密度、地面硬化指数高、雨水管线排放标准较低，管线复杂交错，未考虑雨污分流的旧城区在极端强降水下排蓄水能力不足，老化管道缝隙破损处污水外溢，引起地下水的二次污染、地面下陷，形成积水点和城市内涝，国家首批海绵城市试点城区西咸新区就是使新区建设避免出现老城区建设问题的一个重要尝试，迫切需要针对旧城区提出创造性的解决方案。具有雨水利用功能的建筑设计理论的探索正是西北地区利用LID组合措施对雨水资源管控与利用，是城市健康发展的必由之路。针对特殊的自然地理条件、水文地质特点、水资源禀赋状况、集中性降雨的规律、水环境保护与内涝防治等要求，合理选择雨水收集及利用方式，增加雨洪控制和雨水利用等低影响开发设施，充分发挥建筑屋顶范围对雨水的吸纳、蓄渗和缓释作用，可为城市雨水径流提供减排空间和设施，使城市开发建设后的水文特征接近开发前，有效缓解城市内涝、削减城市径流污染负荷、节约水资源、保护和改善城市生态环境。建筑上的垂直庭院、立体绿化等较退耕还林是更为高效雨水利用的举措，既可利用雨水，又能减灾并改善生境。

1.2 研究的意义

1.2.1 建筑雨水利用能够缓解我国西北干旱、半干旱地区缺水问题

雨水是一种十分宝贵的非传统水资源，雨水相对于其他非传统水资源水质好、易于获得，只需要进行过滤、沉淀等简单的水处理工艺，就可以对雨水进行利用。然而，雨水资源的利用在我国刚刚起步，特别是在绿色建筑中如何利用雨水资源是一个亟待解决的问题，对绿色建筑中雨水利用体系进行研究，必将对水资源匮乏问题起到一定缓解作用，具有很重大的现实意义和理论价值。建筑是城市雨水循环系统的起点，建筑能在源头消纳雨水，控制面源污染，同时可以做到雨水资源的适度回用，建筑绿色屋顶、道路与广场等雨水调控空间的营造能够最大限度消减面源污染。建筑雨水利用系统的建立对雨水资源合理利用、缓解城市内涝、补充城市地下水、促进城市水文循环、减少城市地表径流、缓解城市水资源紧张的压力和建立可持续的城市雨水体系是基础性工作。近些年来各地市政府颁布了一系列相关政策鼓励建筑对雨水进行利用，如建设部在2006年颁布的《建筑与小区雨水利用工程技术规范》GB 50400—2006，就是对建筑与小区雨水利用工程的设计、施工

与管理的指导性文件。城镇具有雨水利用功能的建筑通过将城镇最大量的建筑转变为广泛汇集、高效利用雨水的空间，改变雨水的循环状态，补给该地区城镇生活、生态、生产系统用水，有利于流域水危机问题的全方位解决和生态系统的持续改善。

1.2.2 具有雨水利用功能的建筑能够降低西北地区城镇洪涝灾害的强度

黄土沟壑区是西北地区的重要组成部分，城镇既因水而成、亦因水而困，雨水资源年际分配不均[①]，旱涝灾害频发，6～9月的四个月降水量约占全年的70%以上，连续丰水或连续枯水年较为常见，建筑营建体系对雨水从收集、储存到利用的全过程管理，有效调节雨水的时空分布状态，对确保城镇雨洪安全具有十分重要的作用。

该地区自古以来就在合理利用雨水资源，解决缺水问题，规避雨洪风险，治理水土流失等方面，积累了独特智慧和丰富经验。对干旱、半干旱地区而言，增加雨水在本地自然或人工环境中蓄留空间和循环时间，为多层级利用和精细化管理创造条件，亦能够延缓地表径流汇聚的时间和强度，降低洪涝灾害发生的可能性。城镇建筑营建体系从策划、设计、施工、运维整个过程采用提升雨水资源利用水平的技术和材料，使雨水在建筑中进行新陈代谢，就地循环利用。建筑雨水利用功能的实现依赖于重构建筑空间、围护表皮及用水系统之间的关系，重塑建筑雨水、中水、消防水等供水系统的联动关系，整合屋顶、墙体及垂直绿化等表皮要素在汇水、净水和用水方面的能力，形成内外、表里互相支撑、储用动态平衡的新型具有雨水利用功能的建筑营建体系，以此来高效利用雨水资源，减缓雨水汇集速度，增加城镇应对极端干旱或暴雨天气的韧性。具有雨水利用功能的建筑营建体系通过新建和改造城镇建筑围护表皮（屋顶和墙体）与内部空间，完善雨水系统，统筹雨水水质、水量在建筑中储存、使用和排除，达到对城镇区域雨水在排蓄时间和数量上的有效调控，改变上游城镇强降水触发下游城镇洪涝灾害，湿陷性黄土地区雨水下渗引发的建筑地基下沉等状况的发生，水尽其用的建筑营建体系能够有效调节洪涝灾害在流域中发生的频率、强度和可能性，为半干旱地区的城镇生产、生活、生态可持续发展发挥更为积极作用。

1.2.3 具有雨水资源利用功能建筑的营建能够有效推进建筑高质量发展

建筑作为分布最为广泛的人造物，与其相关的水资源消耗量巨大，如能够像植物一样兼具汇聚、储存、利用、排除雨水的功能，使其无论外在形态与内在系统都成为自然生态循环中的有机一环，最大化地就地利用雨水资源、最大程度减少人工调水，必能为国民经济和社会高质量绿色发展提供新的可行路径。具有雨水资源利用功能的建筑营建体系是在

---

① 总的趋势是从东南向西北递减，东南部600～700mm，中部300～400mm，西北部100～200mm。以200mm和400mm等年降雨量线为界，是经济落后的典型地区，半干旱季风气候使每年400～500mm的降水量在时间上分布极不均匀，7～9月的汛期降水量可达全年的60%～80%，容易出现洪涝、泥石流、滑坡水土流失等灾害。水资源短缺与洪水泛滥形成鲜明的对比，抗旱与防洪之间的矛盾越来越明显，亦造成水资源与经济发展的需求不相适应，尤其是该地区城镇缺水严重。

深入把握该地区气候特点、地质地貌、建筑形态及雨水在人、植物、河流、土壤等要素间循环规律的基础上，通过研究建筑表面围护结构在雨水收集利用中的作用及系统过程，整合雨量预测、水质水量实时监测、调节、净化、利用与建筑营造技术之间的关联关系，构建具有雨水资源利用功能的建筑营建体系，确保城镇生态安全、雨水高效持续利用、人地关系和谐。具有雨水资源利用能力的建筑营建体系为西北地区城镇人居环境可持续发展提供一种解决方法与独特智慧，建筑营建体系根据雨水水质、水量，利用屋顶汇集雨水，建筑生态表皮自然净化雨水，智能化调控雨水在建筑中的循环状态，合理分配不同空间的用水水质和水量，以科学有效的措施改善城镇雨水粗放、随意与盲目的利用状态，减少并缓解干旱、水土流失、泥石流、雨洪、滑坡等灾害的风险，确保城镇水生态安全及人居环境的健康永续发展。干旱地区①的建筑通过蓄留净化雨水，调节雨水时空分布，以建筑立体绿化、建筑雨水系统改造、节水环保技术再造建筑营建体系，既能高效复合地解决流域生态系统退化和洪涝灾害频发的问题，又能从源头确保城镇水资源可持续利用，是通过观念更新、模式创新、技术革新，将以往对生态产生破坏的营建活动转化为营造可持续城市生境的必要环节和纽带，为党的十九大提出的自然–人居–社会和谐、可持续发展的目标提供成果支撑。

西北地区城镇建筑雨水资源利用与绿色营建理论指导下对建筑形态及其构成要素（外墙、屋顶及接地方式）的技术改造，对充分释放本地雨水资源潜力、提升承灾韧性、构建景观特色、恢复地域生境，实现城镇人居环境持续有序的发展具有极其重要的意义。可以预见，具有雨水利用能力的建筑营建能够大大增加城镇安全、缓解城镇的环境压力，塑造良好的城镇风貌和环境质量。依托黄土沟壑区自然环境“特殊性”的具有雨水资源利用功能的建筑营建体系的研究既是对绿色建筑理论的深入，又是对完善我国生态脆弱地区的建筑理论具有基础作用，能够有效缓解该地区城镇人居–生态之间巨大的矛盾，有利于城镇水生态危机的解决、人居环境永续发展。建筑营建体系的示范与推广具有重要的科学意义和广阔的应用前景，有助于落实党的十九大提出的美丽中国战略目标。

1.3　国内外研究现状及发展动态分析

具有雨水利用功能的城镇建筑营建体系是从建筑学、地理学、环境工程等多学科维度对人居环境建设与生态治理②关系的探索。基于当地气候、地貌、水文特点，以雨水资源的高效利用拓展该地区水资源承载力，进而为城市绿化创造条件，为生态环境改善创造空间。刘晓君教授“西部干旱地区水资源再生利用的经济评价研究”从公共资源管理的角度评价了该地区雨水资源利用的经济可行性，韩晓莉主持的“基于生态高效修复的黄土沟壑

① 西北干旱、半干旱地区因蒸发量大于降水量而不利于植物生长，人居环境的建设可以提供正面干预，促进生态环境的良性发展。

② 中国干旱、半干旱地区植被与水循环相互作用机理研究；熊云武主持的黄土高原半干旱区草地土壤水分动态变化过程及其植被承载力是这一领域研究的典型代表。

区建筑绿色营建及系统性设计方法研究（51478374）”从工程实践领域研究有助于我国西北生态环境改善的建筑营建体系与设计方法，这一系列研究在厘清该地区生态系统作用机制的基础上，向优化人居环境建设生态效果方向拓展。具有雨水利用功能的建筑营建体系研究根据自然资源和环境特点，以化整为零、化害为利的思路构建具有雨水利用功能的建筑理论与设计方法以增强城镇水资源自我支撑能力。对国内外雨水利用建筑现状、理论基础、研究脉络的系统回顾为雨水利用的建筑研究方法、技术路线的确立提供有效的参照。

1.3.1 国内外建筑应对雨水的方式及其发展脉络

利用建筑收集雨水国内外均有记载。远古时期防雨防潮的干栏式建筑、奴隶及封建社会时期的院落民居以及我国古建筑单体的单坡顶、双坡顶、平顶、平坡结合的屋顶都从建筑与周边自然环境的关系来实现防潮排水。我国典型的四合院民居中强调“四水归堂”的理念，从坡屋顶形态的角度、坡度和曲率，庭院中天井水池的容积、长度、宽度与深度到浇灌、消防与排除的雨水管线的组织都作了详细的规定与安排。我国传统建筑应对降雨的独特营建思想体现在屋顶形式上，南方降水多且大，所以建筑屋檐挑檐深远，翼角多起高挑飞檐，雨水滑落的路径更长，抛洒更远，对墙身和基础的损害也降低了。降雨量小，气候寒冷、风大的地区多采用平屋顶。降水降雪量大的地区多采用坡屋顶，平屋顶有利于蓄留雨水，而坡屋顶便于雨水排除。可上人平屋顶构造简单，多采用材料的防水性能。坡屋顶形态特点呈现以下规律，年降雨量越大，屋顶坡度越陡，年降雨量越小，屋顶坡度越缓。屋面出挑深度和曲线曲度受风力的影响，为避免降雨毁坏墙体，在降雨丰沛的地区屋檐挑出深远曲度较大，我国南方传统建筑的屋顶靠近垂脊处坡度陡，加速雨水滑落速度，近屋檐处坡度稍缓，雨水抛落的曲线更远。北方传统建筑采用硬山，屋面曲线偏直线，雨水以最大加速度从屋面滑落排除。坡面瓦片的搭接有“搭七露三”（或称“压七留三”）（图1–1）“搭六留四”“搭五露五”“三搭头”等做法，即瓦片层层叠筑，上一层瓦片覆盖下层瓦片的七成，由下而上依次叠筑直至屋脊，各类搭接方法都要保证瓦的搭接密度，防止单片碎瓦而漏雨；檐口使用滴水或瓦当（筒瓦收头为瓦当，板瓦为滴水）防止雨水沿屋檐、窗台侵蚀墙体。

我国传统建筑外墙合理选用自然材料和人工砖瓦等材料提高墙体各部分防雨性能，夯土墙利用白灰、沙、黄泥等自然材料混合水化后形成的三合土提升抗压抗水能力。屋顶屋面瓦改变了雨水降落路径，雨水从檐口落下而不湿墙，檐口是屋面与外墙墙身的交接部位，又称屋檐，一般说的屋面檐口是指大屋面的最外边缘处的屋檐的上边缘，即“上口”。檐口是建筑重点装饰部位之一，常见的有挑檐和包檐两种形式。瓦当主要是防止雨水倒灌，滴水引导雨水下流，都是为了保护屋檐各构件，阻止雨水损坏建筑结构（图1–2）。滴水是在建筑物屋顶仰瓦形成的瓦沟的最下面的一块特制的瓦（图1–3），其作用主要是引导雨水向远离墙面一侧抛离，防止雨水沿屋檐、窗台侵蚀墙体。与传统建筑相比现代建筑采用性能更好的材料，简化防排水过程，为建筑更综合目标的实现创造物质条件。

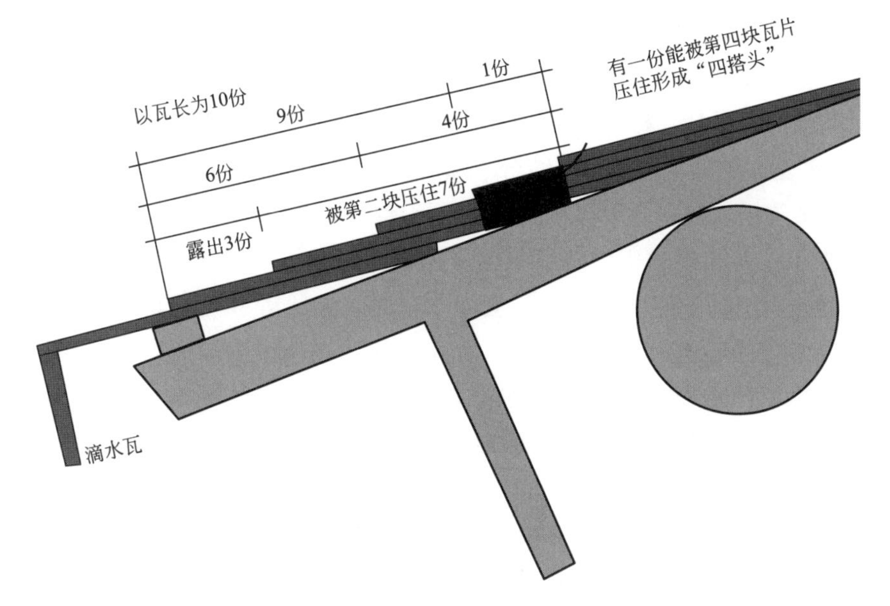

图 1-1 屋顶瓦片搭七露三做法

图 1-2 瓦当与滴水

图 1-3 滴水

藏式建筑平屋顶的阿嘎土主要成分是难溶于水的碳酸钙，即石灰岩，经反复夯实逐层铺设在卵石和黄泥之上，混合固化后涂抹清油，来抵御雨水。这种平顶防水效果需要经常维护才能保持其防水能力。盝顶“苫背工程”也是利用材料与构造的共同作用提升屋顶的防水能力。结构及构件连接处等重点部位易受雨水和水蒸气侵蚀发生渗漏损坏，造成墙体污染，我国13世纪以瓷器和金属卷材来防水，北魏时期出现了以白泥（高岭土、瓷土）烧制的琉璃瓦，质地细密坚硬、强度更高、不易吸水，被用于重点部位的防水。

现代建筑防水材料和材料防水性能大大增强，建筑材料防水①与构造防水②中材料防水

① 材料防水是依靠材料自身的特性阻断雨水渗入墙体的路径以此达到防水抗渗的防水方法。

② 构造防水是指采用合理的构造形式阻断雨水渗入墙体路径的防水方式，如建筑墙体各构件之间的搭接方式、接缝处理及细部节点构造等。

还分为刚性防水[①]和柔性防水等措施叠加建筑形态，大大提高建筑性能（图1–4）。19世纪初沥青油毡防水的发明，不仅解决了平屋顶的防水问题，坡屋顶可不再以复杂的瓦解决防水，建筑与雨水的关系从“排水为主，防水为辅”转变成“防水为主，排水为辅，防排结合”，进一步实现防、排、蓄、用相结合。随着新的防水材料、技术的大量涌现，迫切需要更新建筑屋顶防排水技术规范与施工标准以指导实践。

古代受制于材料和技术条件的限制多采用从建筑群体布局——建筑单体形式——屋顶形状——建筑材料——细部构造一整套防水措施，建筑等级越高其防水处理的程序和过程更加复杂，民居建筑防水方式则相对简单适用。现代平屋顶的雨水可通过檐槽、天沟雨水管等排除。建筑表皮应对雨水的模式可归纳为叠合模式和单一模式。绿色生态建筑将建筑雨水利用措施与生态环境改善加入雨水系统设计中必将带来建筑设计进一步的发展。

扎哈·哈迪德事务所2013年设计的英国伦敦蛇形画廊（图1–5），其流线型的建筑形态有利于雨水的快速排除，同时表皮曲线形态选用PTFE材料涂层玻璃纤维布，内膜是有机硅涂层玻璃纤维布，外圈收口为玻璃钢涂刷白色涂料，都具有极佳的耐水性和自洁，成为利用建筑形态、材料特点对抗雨水侵蚀创造优秀设计作品的有效方法。

图 1–4　法古斯工厂刚性防水与柔性防水叠加

图 1–5　蛇形画廊永久项目

我国传统坡屋顶建筑屋面无组织自由排水（图1–6），雨水顺着屋檐直接或经由排水设施流向地面，这种方式是一种无组织排除方式，尽管雨滴从屋檐落下会产生优美的声影效果，但对于作为水资源的雨水本身利用是极其有限的。人们利用泥土高温烧制瓦的拱形抵御雨水长期冲击力的破坏，同时瓦片易于更换，大大提高了建筑的耐候、耐久性。随着社会经济的发展，城市中临街商业等公共建筑的增加，建筑的开放性越来越强，建筑边缘人的活动数量的增加，有组织排水建筑得以广泛普及，由于将雨水集中排除，建筑立面

① 刚性防水指直接依靠材料自身的防水性以达到防水目的，可以在材料内部加入合适的添加剂，相比于材料防水，污染小且防水性能更好。混凝土、砖，砂浆、饰面板、外面砖等装饰材料都是刚性材料。

雨水管（图1-7）材料从镀锌铁管、PVC给水管、铝塑复合管到PPR塑料水管、铜水管再到不锈钢水管不断改进，自重轻、强度大、连接方便、可塑性强、美观的排水管材大量涌现，在有组织排水的屋面收集屋面雨水至檐沟，再经雨水管排向地面或接入雨水管，雨水管排水是现代建筑体系中常用的排除建筑屋面雨雪水的方式，通常与雨水斗等部分共同构成建筑雨水系统。现代建筑行业分工明确，排雨水通常被划分到给水排水专业中，建筑设计通常与之分离，雨水通过管道直接排放，在建筑立面上设置雨水管道，雨水管道的管径大小依据该地区暴雨强度合理计算，但通常情况下，这些雨水管与建筑美学并无联系，建筑设计与雨水管设计并不统一。有些建筑中使用雨链代替雨水管引流雨水（图1-8、图1-9），雨链最早见于日本建筑，多见于庭院中的楼亭或过廊两侧，雨水从造型各异的雨链构件滴落形成动态的美感。

卡洛·斯卡帕在维若那公共银行改造项目中，在窗户下面放置了一个凸出的条状“物

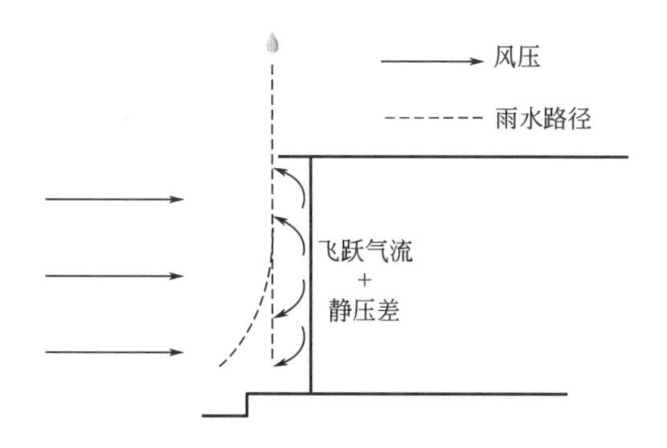

在迎风面垂直于墙体的风速越小直到墙壁处为零，同时风向发生变化，沿墙竖向及倒向产生了分流现象，到达檐口时，会产生气流飞跃现象。檐口雨水受重力作用下降时，受到墙面处的飞跃气流和静压差的外推作用远离墙面。

图1-6 屋檐水不湿墙的流体力学原理

图1-7 建筑立面雨水管

图1-8 天津鲁能泰山书院雨链

图1-9 雨链的动态滴落效果

体”，在它们的最下方有一个陷入的小洞，这一条条泛着红光的大理石是排水通道，将排水管转化为排水槽，增加了建筑的时间感，立面上垂直型分隔线条以增加建筑的韵律感和动态的美感，成为立面的韵律之一（图1–10）。

图1–10 卡洛·斯卡帕改造的维若那公共银行立面

屋面天沟、雨水斗、雨水管、雨链及相关组件共同构成了建筑外表皮的落水系统，能有效地汇集屋面雨水，有组织地将雨水排离建筑物，同时保护了外墙和地基不受损害，延长建筑表皮的耐候性和耐久性，同时还起到一定的装饰艺术效果。

当前城市内涝灾害、水资源污染、短缺等状况就是建筑与水资源的关系不协调的直观表征，可持续建筑、生态建筑、绿色建筑都试图理顺建筑与雨水之间的关系，提升雨水排、集、蓄、用系统的效率。城市现有建筑覆盖城市大片土地，阻断城市雨水循环，以建筑屋顶为起点重塑雨水排、集、蓄、用的循环过程，屋顶花园作为一种解决方案，因其可以吸纳滞留雨水，削减雨水径流可能的峰值流量，缓解城市雨水管压力，节能、改善建筑环境小气候，减少城市热岛效应、增加城市生物多样性等功能，受到大力提倡（表1–1）。屋顶花园雨水可以储存起来作为中水供给建筑或非降雨期使用，屋顶花园雨水系统设计涉及屋面防水的强化、湿气隔绝、植物根系隔离，不同材料表面排水坡度与雨水管线系统的重新组织。

黄土高原的窑洞民居亦利用平屋顶蓄留雨水，汇集雨水于院落中的水窖用于饮用等功能；现代建筑雨水利用的方式更加多样与精细化，英国建筑收集雨水，与地表水和地下水硬度偏大相比，雨水适用于洗衣、冲厕等生活设备，建筑精密设计能够协调空间行为与雨水水质、水量的匹配关系，通过建筑雨水系统的高度集成达到雨水利用效果最大化的目的。第四代建筑中垂直绿化与空中庭院会大大增加建筑的需水量，雨水和中水利用系统的精准控制夯实建筑前沿发展的基础，结合当前数据处理、实时监测及即时高效的水处理技术对不稳定水源利用的优势，具有雨水利用功能的建筑是实现雨水生态、生活和生产价值的起点，建筑雨水利用效率会进一步提高。建筑雨水利用不仅涉及建筑表皮形态的改变，亦会涉及建筑空间、使用方式的转变，更会影响建筑内部水系统及管网的组

屋顶花园与普通平屋顶雨水系统对比 表 1-1

屋顶类型	普通屋顶排水系统	屋顶花园排水系统
图示	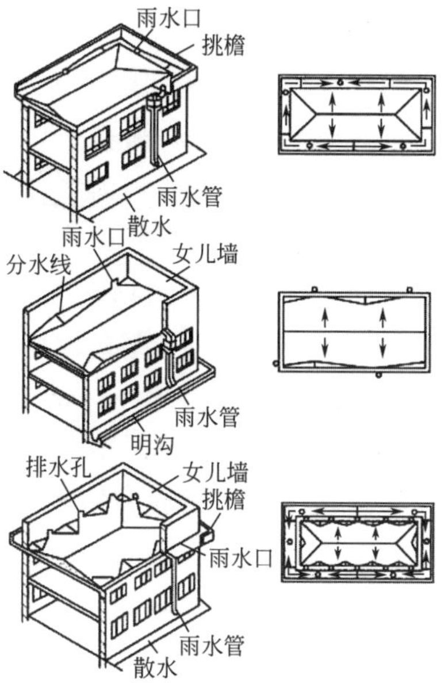	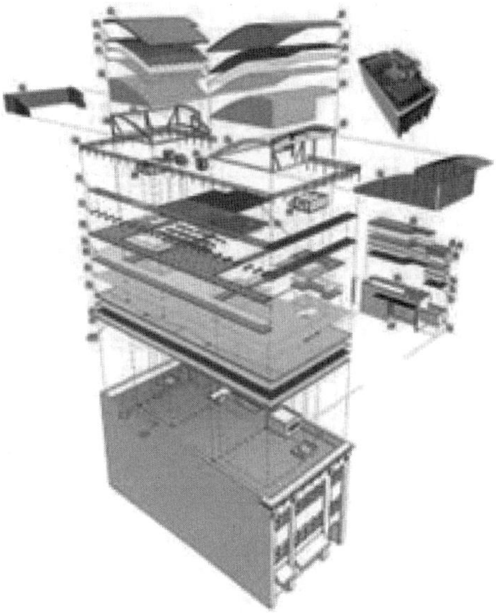
排水方式	无组织排水：外檐自由落水，适用于低层及雨水较少的地区。 有组织排水分为外排水、内排水、内外结合式排水，外檐沟排水（坡度≥1%）、女儿墙内檐沟排水、内排水用于大面积、多跨、高层及有特殊要求的平屋顶建筑	除屋面内排水与外排水外，还有附加技术体系，如：自动滴灌系统、雨水监测体系等。建筑应对雨水的趋势是实现单一短期目的向长期多元目标转换，在技术手段上是复杂工序叠加向简单工艺性能复合材料使用转化，管理是从重视后期维护向强化前期设计转化，使人活动的舒适性、便捷性与范围最大化

织。建筑中利用雨水的主要部件包括建筑表皮、内部空间及雨水系统。建筑表皮是围合限定建筑空间的构件、系统或构筑物，通过在建筑表皮水平和垂直方向植入雨水收集、过滤和利用的功能，建筑表皮在满足防雨、美观、耐候性能的基础上为建筑立体绿化创造必要条件。

1.3.2 国内外建筑雨水利用的相关理论

海绵城市、绿色城市设计及绿色建筑理论均涉及雨水利用，海绵城市理论认为建筑是城市雨水循环系统的起点，强调收集屋面雨水，在源头消纳雨水，打造绿色屋顶和墙面立体绿化引导雨链下渗、储存和利用，在控制城镇面源污染和利用雨水资源方面独具优势。可持续建筑理论中以场地竖向、营造室外景观水体等收集利用雨水，结合节水设施、中水系统重复利用和循环利用节约水资源。王建国院士提出“绿色城市设计理念”，倡导基于气候条件指导绿色城市设计和建筑设计，并在微观层面倡导和应用绿色建筑模式，并提出老旧小区生态修复实现人口密集的城市区域内集约、循环、再利用雨水的低影响可持续发展战略目标。刘加平院士依托绿色建筑气候研究室构建我国典型城市建筑设计气象数据库，在陕北、云南、西藏、新疆等地区建设示范绿色技术的建筑，但不同气候区雨水利用方式不同，尽管单层建筑雨水收集率远大于多层、高层建筑，其利用率却负正相关，迫切要求对建筑雨水利用系统的年、季、月及单次调控能力进行更为深入、细致、精准的设计与管控。俞孔坚等探索雨水资源化利用的新型景观途径，宋进喜等学者对西安市地区的降水做出计算分析并探讨了降水规律，目前通过分析不同地区雨水利用特点和雨水资源化利用的调配关系，分析并提出城市不同类型土地雨水资源化利用优化模式。

德国利用分散的屋顶绿化改造控制雨水非点源污染，柏林在约14%的绿色平屋顶的基础上每年以1000万m^3的速度增加绿色屋顶。德国设计师托马斯·赫尔佐格认为不同的气候特点建筑外围护结构的功能会相应变化，并对雨水在建筑中利用投资成本及相关技术设施标准、法规和策略进行研究，以分散屋顶绿化来控制非点源污染。新英格兰依托水质净化技术建立起雨水利用基础设施，英国伦敦奥林匹克公园主要建筑及场地都设立了完善的RWH系统，收集到的雨水不仅用于灌溉用水和中水，还将多余的回收雨水供给周边居民，用于供暖和消防用水，是成功的雨水收集利用的案例。英国家庭雨水收集系统（RWH）为厕所、洗衣设施和花园灌溉提供用水。日本年均1800mm充沛降雨量，日本建筑利用建筑屋顶收集使用雨水，供冲洗厕所、绿化浇灌之用，同时对大规模场地、路面也采取了相应的渗透设施。国外对于雨水资源化利用研究开始较我国早，雨水利用系统相关设计要素、方法、设备与政策都较为成熟。雨水在建筑中的从初期投资成本补贴、退税及减少部分水费等法规政策到雨水收集技术都十分明晰。2008年美国环境保护署EPA明确规定了绿色基础设施手册中对雨水收集系统的资助奖励政策与方案，使用雨水利用和低影响开发方案可确保水资源有限的干旱地区80%的区域水安全。澳大利亚提出可持续的雨水管理与城市设计——水敏性城市设计WSUD（Water Sensitive Urban Design）。

国外对未建成建筑运用水处理专业的水模型模拟雨水利用状态，对建成建筑雨水收集相关数据的监测、对比和计算以进一步改进建筑设计要素雨水利用的方式、设计方法、用水设备与管护政策。欧美国家雨水利用战略措施、制度设计、净水技术研发、标准与产品开发多针对消除雨水中工业污染物（金属、橡胶和燃油等），难于直接用于缓解我国干旱、半干旱地区水危机与水资源压力。

我国建筑利用雨水主要经历了雨水直排、排用结合两种模式，排用结合是在建筑原有的防排水系统的基础上增加了雨水收集、截留和下渗等利用措施，形成了雨水排放与适当利用相结合的新格局。大都会建筑事务所何宛余提出以建筑如何收集雨水为切入点生成建筑形体，满足每个楼层雨水供需平衡，通过调整露台尺寸和楼层之间的错位关系不断调整建筑的形态设计，以此实现建筑单体的雨水供需，从而打破了传统的城市供水方式，从建筑邻里之间的水循环到城市尺度的水循环，解决城市的缺水问题。

1999年宋晔皓从城市设计、建筑单体设计、细部构件设计对气候适应性技术分析，指出了气候因素与建筑适应性策略之间的关系，对于降水这一气候因素，建筑的应对措施分为雨水蓄积和防雨防潮。不同地区不同建筑体系下建筑技术的回应方式不同。以渝东南民居为例，主要回应是防雨，建筑表皮的设计策略是首层回退、设立挑檐、檐廊和界面遮阳等。具有雨水利用功能的建筑研究中雨水与建筑表皮的相关性研究从流体力学、建筑结构构造技术等多方面取得进展，如雨水受风力影响产生风驱雨（Wind-Driven Rain）效应造成建筑墙面脏污、渗水、漏水等问题。华南理工大学亚热带国家重点实验室的赵立华教授对风驱雨（WDR）进行研究，通过对风场图、雨滴轨迹图和雨强捕捉图的研究，建筑布局与建筑密度是影响WDR的主要因素，建筑的几何形状也是影响建筑表皮雨水遮蔽效果的一个因素。合肥工业大学王辉副教授对建筑立面风驱雨影响特性做了研究。

当前我国建筑学科关注建筑围护结构材料与构造等要素对室内热物理环境和舒适度的影响较多，具有雨水利用功能的建筑结构安全性、材料耐久性及使用者的行为尚需深入研究。国外更加关注建筑表皮墙体材质、形式、各构件对雨水收集利用的影响，同时综合考虑其他气候降水因素的影响。我国较多学者针对各地域的气候特点提出了地域性的建筑表皮设计方法和改进建筑表皮雨水收集系统（RWHS）的建筑实践，分析比对建筑建成前后雨水利用效果，优化表皮形式的研究还有待深入。

黄土高原缺水地区建筑雨水资源收集利用可降低城市运行成本和居民生活成本，是推进低碳城市、绿色城市建设的重要的一步，也是提升城市存量空间品质的必要要求。我国西北干旱、半干旱地区有利用土窖、坎儿井等雨水设施解决缺水问题和降低自然灾害破坏程度的传统，但传统雨水利用的效率和水质标准较低，很难达到当前人口密集地区生产的要求。近年来中德合作“北京城区雨洪控制与利用技术研究示范”项目及“北京城区雨水利用技术与渗透扩大实验”示范工程将汛期来自屋顶、庭院、道路、绿地等的雨水进行收集处理后，储存或直接回灌地下，其对雨水的利用方式集中在补给地下水。将城市水循环与水管理功能与城市设计原则相结合，截至2006年，这些理论已落实了130万个家用雨水收集（RWH）系统。荷兰利用充沛的雨水灌溉农田、花园，同时在大型建筑中配备雨水收集设备，监测和研究酸性物质和污染物对雨水水质的影响，采用物理、生物化学净水方式相结合获得更纯净的雨水资源。伦敦奥林匹克公园中主要建筑及场地的雨水收集系统可用于公园和周边居民的灌溉用水和中水。

国外对建筑雨水收集利用研究是从可能性评估到建筑形式、气候区与雨水收集的关系等一系列的研究。托珍妮·洛弗尔（Jenny Lovell）在《建筑表皮设计要点指南》（Building Envelope：An Integrated Approach）中指出雨水在重力、动量、气压差、表面张力和毛细管等力的作用下，可实现干热地区水循环净化、热控制和太阳能利用，通过水平、垂直方向渗透和过滤集水设施提升建筑表皮性能。格哈德·豪斯拉登（Gerhard Hausladen）在《气候设计——事倍功半的技术解决方案》（Climate Design：Solutions for Buildings That Can Do More with Less Technology）（2006）、《气候表皮——高能效的建筑表皮概念》（Climate Skin：Building-skin Concepts That Can Do More with Less Energy）（2008）、《一本手册——适应气候的建造》（Building to Suit the Climate：A Handbook）中也分析了气候相关的表皮设计方法。

1.3.3 小结

建筑雨水利用是在深入研究西北地区雨水资源比较优势的基础上，顺应自然规律，调配净化雨水，即时、高效满足建筑内部生活与外在生态需要。建筑雨水资源利用体系关注雨水利用对建筑形态、空间布局及内部水系统带来的影响，依靠即时、高效、系统的雨水技术让雨水更好地满足建筑用水需要，根据水质水量条件，重构雨水储存-净化-排放系统与建筑屋顶、墙体、内部空间之间的关系，构建具有雨水利用功能的建筑设计理论。通过国内外建筑利用雨水资源的历史、理论与案例，为重塑建筑表皮与内部管网收集、净化、利用和排除雨水的过程，提供理论与技术依据，真正发挥具有雨水利用功能建筑的最大效益。以我国西北黄土沟壑区湿陷性黄土为例，土壤在大量吸收雨水后会下渗致使场地下陷，建筑不均匀沉降、建筑地基失稳及楼体开裂等次生灾害，收集雨水直接用于建筑中非饮用水区域，才能使雨水利用效果、利用量、利用速度和强度最大化。建筑雨水利用既可以规避风险又合理匹配雨水和立体绿化、空中花园、屋顶花园之间的关系，改善城市环境，促进建筑向第四代建筑迈进的步伐，实现城市水绿双赢的目标。

第2章　具有雨水资源利用功能的建筑案例

2.1　国外建筑应对及利用雨水的实例

在相关理论的指导下，国内外具有雨水资源利用的建筑优秀作品大量涌现。英国伦敦的地球生命中心采用了弧形屋顶（图2-1、图2-2）良好解决排水的同时可利用屋顶收集多达35000L雨水，这些雨水存入地下贮槽中用来冲洗马桶，补充绿化用水，多余的雨水汇入城市湿地中。建筑形态与雨水的集、蓄、用、排系统很好地结合，是具有雨水利用功能建筑的优秀范例，其根据建筑主要用水量、雨水系统、当地降水量厘清三者之间的关系，量化最佳蓄存量、位置、时间，根据雨水水质变化情况，确定最佳的排水方式与建筑形态。

图2-1　英国伦敦地球生命中心屋顶形式1

图2-2　英国伦敦地球生命中心屋顶形式2

扎哈哈迪德事务所设计的中国长沙梅溪湖国际文化艺术中心（图2-3），复杂的建筑形体中，曲面屋顶与墙体连成一体，延展性和弹性良好的新型柔性防水层加自粘防水卷材（图2-4）适用范围广，施工简单可直接多层喷涂，取代压顶、披水等传统防水构造。对功能结构形体复杂的建筑以施工简单、适应性强的高性能防水材料解决防排水问题。

新加坡科技与设计大学教学楼的建筑界面把雨屏系统、遮阳系统、绿植结合，以多种材料组合的可智能管控的表皮体系适应不同的功能需求（图2-5），探索建筑表皮因地因需制宜应对雨水的独特方法，其创造性多功能可调节表皮综合适应外部条件与内部功能，实现表皮功能集成。

图 2-3 中国长沙梅溪湖国际文化艺术中心

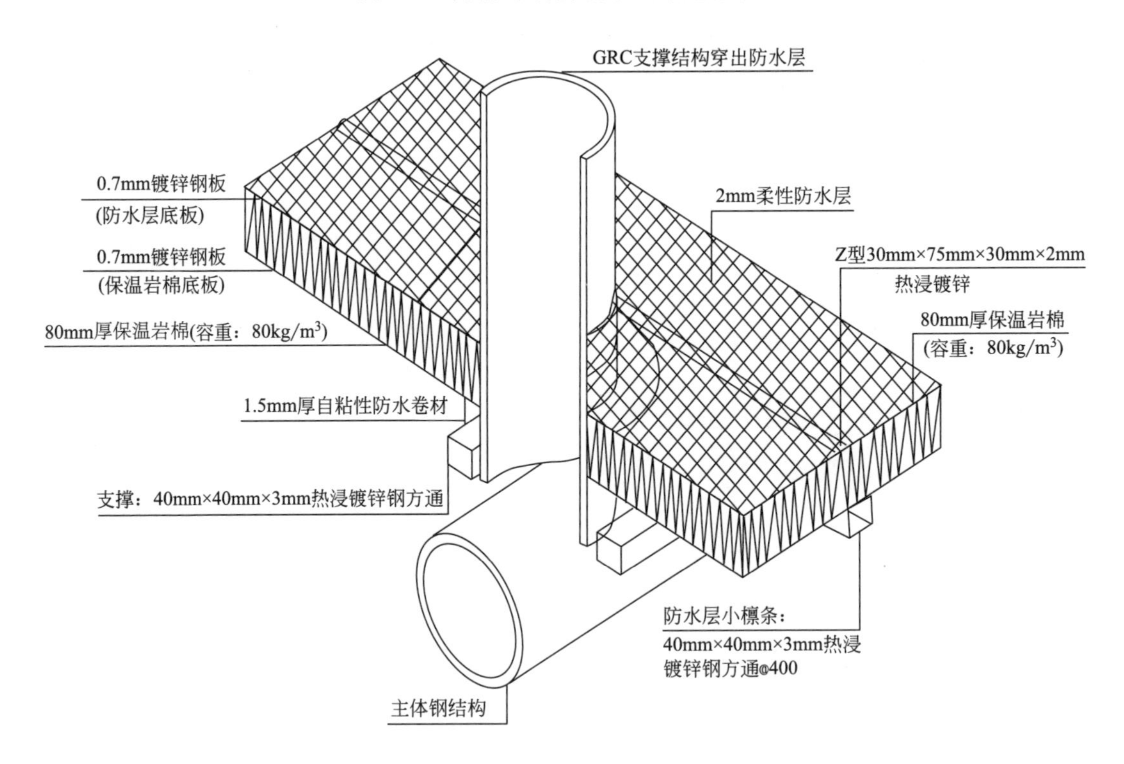

图 2-4 墙体防水构造

赖特设计的罗比住宅（Robie House）利用屋檐下方地面上的雨水槽排水（图2-6），以相对传统的方式实现了雨水的收集利用。现代建筑在雨水利用方面的创新应依据稳定、可靠、完备、可经时间检验的技术。建筑新性能要求与之匹配的新的材料与技术手段来实现，德国柏林国家美术馆屋顶采用钢板排水法（图2-7）。

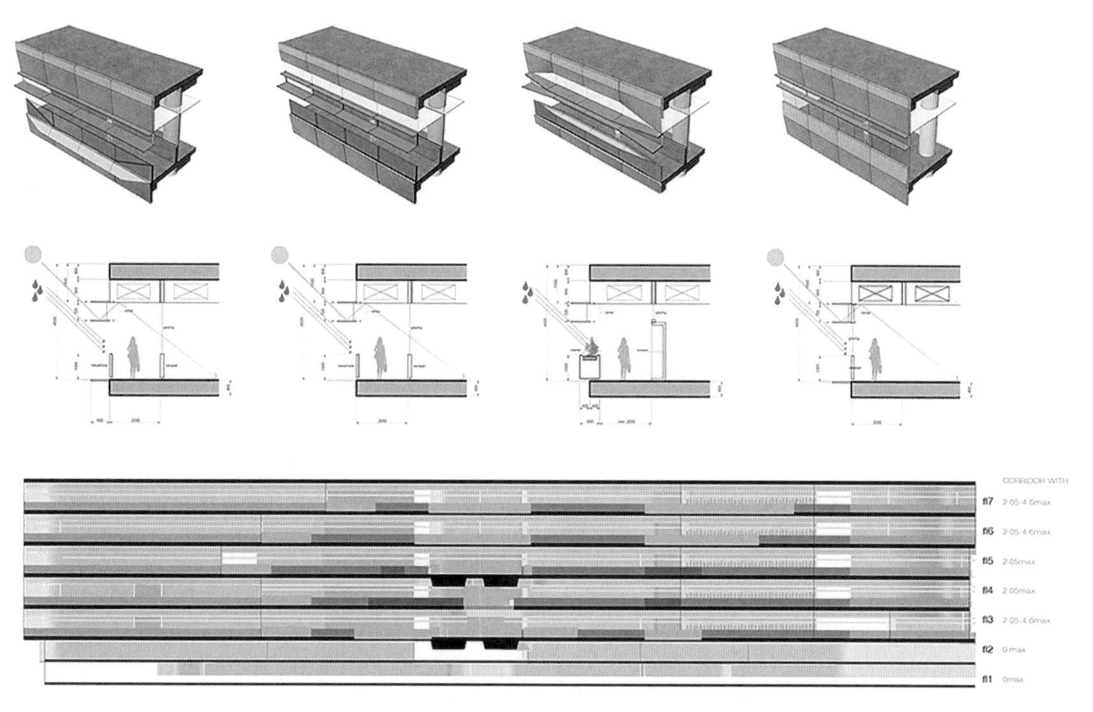

图 2-5　新加坡科技与设计大学教学楼（SUTU）

图 2-6　罗比住宅的屋顶雨水口及地面的雨水槽

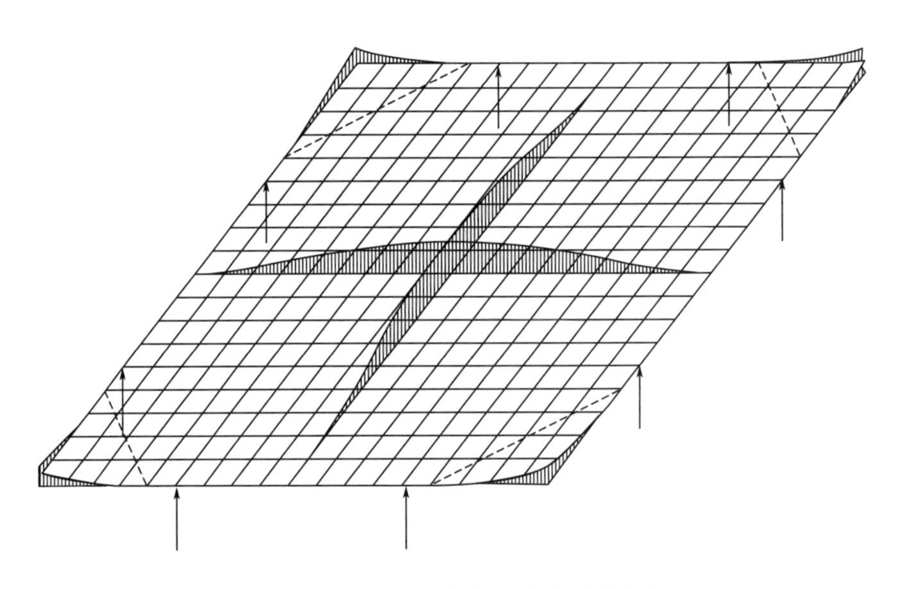

图 2-7 柏林国家美术馆屋顶钢板排水方法

与古代以黏土烧制的瓦片覆盖的坡屋顶相比，现代建筑的平屋顶是以平屋顶微小起坡汇集雨水于蓄水沟，再通过隐藏在墙体内的排水管排出（图2-8）。1922年设计的批量生产的“工匠住宅”采用内置空心钢筋混凝土圆柱排水管排除7m×7m屋顶上的雨水（图2-9）。柯布西耶在萨伏伊别墅中也采用了内置雨水管的方法，上人屋顶花园上的植物与地面升起的道路高差降低了屋顶排雨效能（图2-10）。连接屋顶排水口的长达3m的水平雨水管易堵塞而导致雨水渗漏，屋顶花园植物根系对结构层的破坏又加剧了雨水的渗漏，同时室内和柱内排水管的维修和更换难度大。

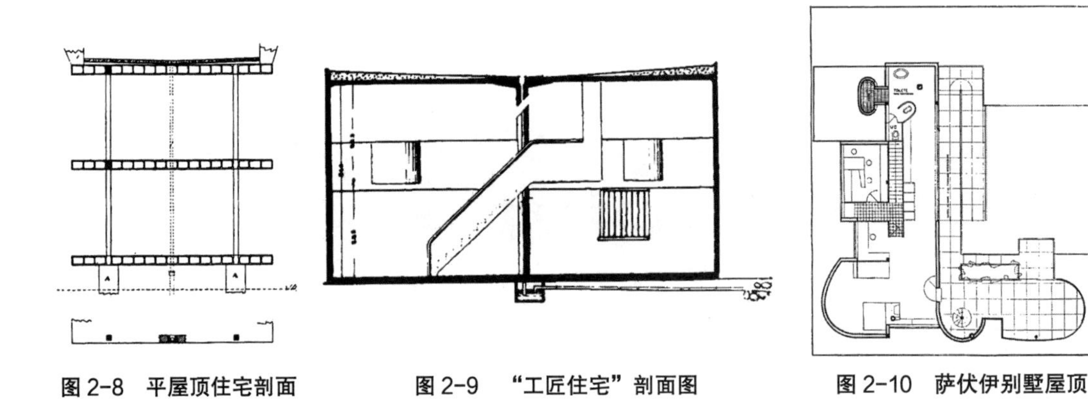

图 2-8 平屋顶住宅剖面　　图 2-9 “工匠住宅”剖面图　　图 2-10 萨伏伊别墅屋顶

2.2 西安市沣西新城建筑屋顶雨水利用案例

当前国内外建筑应对和利用雨水的方式多种多样，作为西北地区重要城市西安市，具有雨水利用功能的建筑也有许多试点，主要集中在西咸新区沣西新城，与其他案例相比便于持续观察，分析内容相对深入。

整体而言，西安市建筑雨水利用普及程度较低，西安市沣西新城是西安市建筑雨水利用较好的区域。在季风气候影响下西安市冬春季节寒冷少雨，夏秋季节高温多雨，冬春季降水量占全年的20%～40%，夏秋季降水量占全年的60%～80%，且降雨量年际、月际变化大，2013～2021年最多年平均降水量为671.7～917.6mm，最少年平均降水量为311.5～449.3mm，差值为平均值的51%～68%（图2-11）。

图2-11　西安市2013～2021年降水量

西安市各月降水变率在28%～104%之间，降水变率最小值出现在冬季，夏季降水变率小于冬季但大于秋季。7～9月出现大降雨最多，单次大降雨的降水量一般在63.2～118.2mm，占全年平均降水量的12.5%～16.4%（图2-12）。西安市降雨量的特点决定了建筑雨水利用的方式。

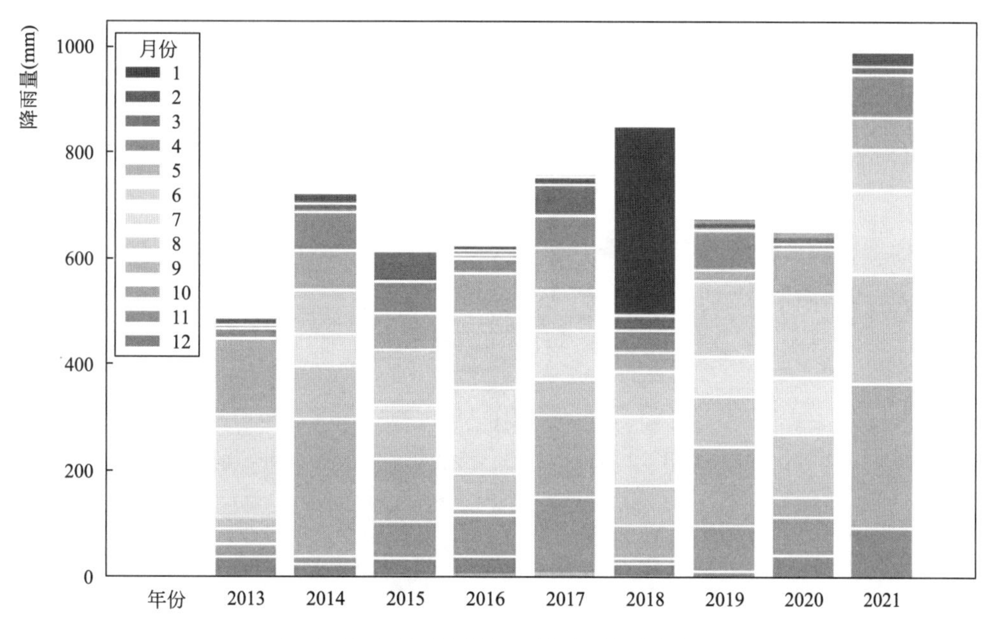

图2-12　西安市2013～2021年各月降水量

沣西新城位于西安市与咸阳市之间的西咸新区，南至大王镇及马王街办南端，北至渭河南岸，东至沣河，西至规划中的西咸环线，总规划面积143km²，规划建设用地64km²，地势平坦，北高南低的河谷阶地。四季干、湿、冷、暖分明，多年平均降水量约520mm，7～9月降雨量占全年降雨量的50%左右，是半干旱半湿润气候区典型的城市环境。

渭河、沣河、泾河3条主要河流形成的冲积平原，土壤含水层、弱透水层及粗粒相冲积层蕴藏着丰富的地下水资源，以潜水形式存在，潜水主要由河流侧渗、大气降水补给，水量较丰富。

在“关中-天水经济区”和“西咸一体化”稳步推进的大环境下，西咸新区作为西安市国际化大都市的重要组成部分和先行者，以“建设世界一流新城”为设计目标的城市规划，十分重视城镇和自然的关系、生态环境与居住者的体验。长约6.8km、宽200～600m的生态绿廊“翡翠项链”贯穿整个沣西新城核心区，连通沣河、渭河两大水系、可参与性滨水空间与中心公园、环、点状公园和街心花园，形成新城的生态“绿肺”，采取下凹式绿地、生态滞留池、排水沟、透水铺装、蓄水池等体现海绵城市的建设理念。作为全国首批16个海绵城市试点之一，通过四级雨水收集利用系统分别在同德佳苑等项目区域中建设了72万m³下凹式绿地；在26条市政道路、环形公园等景观绿地采用雨水收集技术。各类项目建成后合计就地控制雨水径流总量729968m³，控制污染物进入水体，削减污染物*COD*19.61t，*SS*22.78t，调蓄雨洪减少内涝，缓解城市热岛效应，每年能够节约水资源费用约610万元。

2.2.1 沣西新城总部经济园

新城总部经济园区是沣西新城公共建筑绿色屋顶建设的典型案例，沣西新城总部经济园区位于沣西新城核心区，是集总部办公（图2-13）、科研会展、酒店公寓、商业消费为一体，兼顾生活居住区及社区配套功能的综合性总部企业园区（图2-14、图2-15）。总部园区一期占地265.5亩，总建筑面积53万m²，海绵化建设区域面积约2万m²，其中屋面

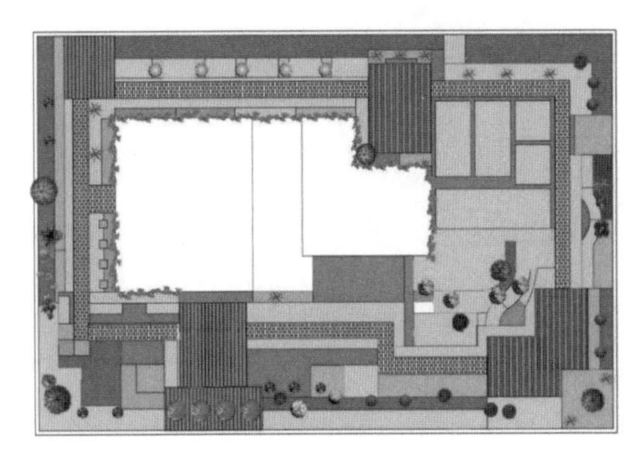

图2-13 西咸新区沣西新城总部经济园区

图2-14 西咸新区沣西新城总部企业园区1

约0.6万m^2，道路及其他硬质地面约0.2万m^2，可渗透绿地面积约1.2万m^2，雨水调蓄容积约为600m^3。3400m^2绿色屋顶可控制的降雨量约为26.1mm，屋顶雨水通过落水管收集，经过滤槽净化后进入周边绿地，绿地中再经下渗净化后汇流雨水花园，进行再次滞蓄和净化，雨水花园设有溢流口，多余雨水通过溢流口流入中心绿地硅砂渗滤井，在末端直接入渗，回补地下水，极端天气下雨水通过地表溢流排至附近道路的市政管网。

图2-15　西咸新区沣西新城总部企业园区2

沣西新城总部经济园区绿色屋顶基本情况　表2-1

屋顶绿化类型	面积（m^2）	绿化覆盖率	建造年代	主要使用空间类型	主要植物配置模式	植物生长情况	可达性	特点
花园式屋顶绿化	1406.7	0.745	2015年	休憩型绿色屋顶	灌木+草为主，佛甲草、景天、细叶芒、马蔺等	良好，养护情况良好	低，仅限办公楼内部人员使用	组合型景观模式，设置可供休憩的座椅，景观小品

沣西新城总部经济园办公楼（图2-16），将步行系统、休憩空间和雨水景观设施相结合，是基于广泛存在的平屋顶。

图2-16　总部经济园办公楼空间

办公楼的绿色屋顶佛甲草、景天、细叶芒、马蔺等耐寒耐涝、适应性强的植物品种，能够在夏季降低室内温度3～4℃，起到缓冲暴雨，吸收污染气体、净化雨水，延长屋顶的使用寿命，降低噪声的作用，同时增加了园区的绿化面积，改善了生态环境。

沣西新城总部办公楼屋顶运用新型透水过滤系统、轻质混凝土承压减荷技术、石材与多孔岩复合技术等新技术（表2-2）起到祛尘、降温、保湿，还能缓解城市热岛效应，对美化环境、治污减霾起到作用。绿色屋顶的园路、座椅、休憩平台（图2-17、图2-18）采用新型轻质材料使屋面荷载较传统屋顶花园减少1/4。

沣西新城总部办公楼屋顶雨水景观设施　　表2-2

雨水滞留设施		雨水传输设施		雨水调蓄设施	
种植池	雨水花园	汀步	旱溪	雨水管调节阀	雨水溢流池

图2-17　园路

图2-18　休憩平台

2.2.2　沣西新城西部云谷一、二期

西咸新区沣西新城西部云谷一期位于沣西新城康定路以南，沣景路以北，沣渭大道以东，兴咸路以西，建筑面积15.4万m^2，是集“孵化、研发、办公、酒店、公寓、广场、公园”等配套服务功能于一体的孵化平台。西部云谷二期位于陕西省西咸新区，总用地185亩，总建筑面积30.3万m^2。以“云谷·乐创”为整体概念，集电子商务产业园、互联网小镇、动漫广场、创业中心于一体，打造24h、360°全天候开放型智慧产城社区。西部云谷一、二期屋顶见图2-19～图2-23，西部云谷二期屋顶基本情况见表2-3。

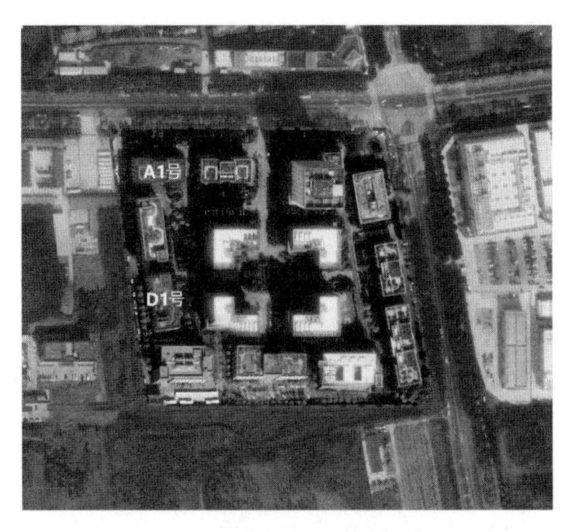

图 2-19 西部云谷一期绿色屋顶

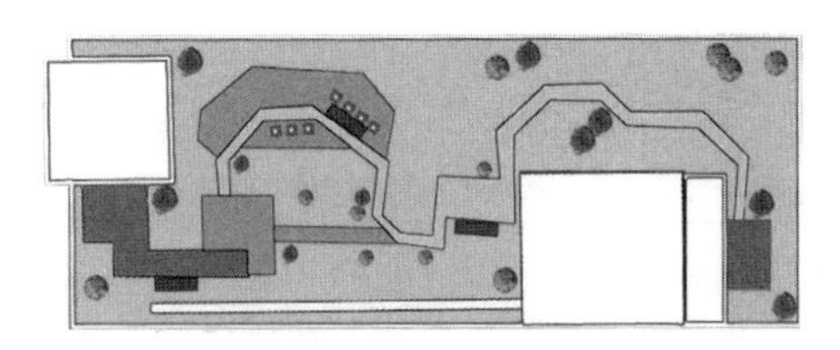

图 2-20 西部云谷一期 D1 号楼绿色屋顶

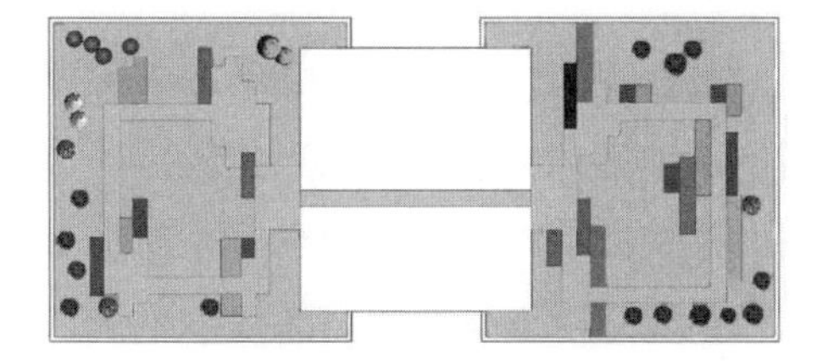

图 2-21 西部云谷一期 A1 号楼绿色屋顶

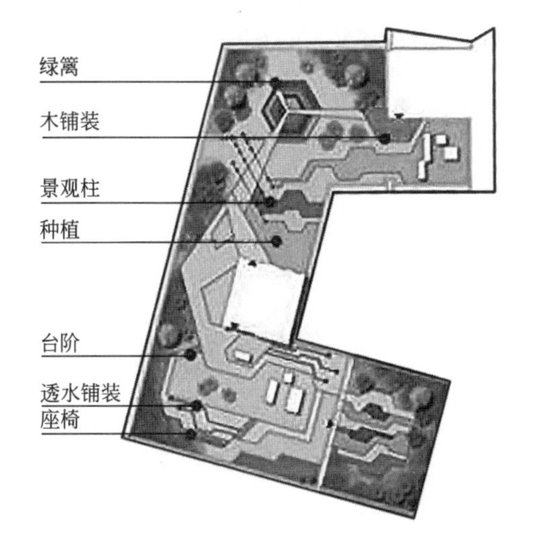

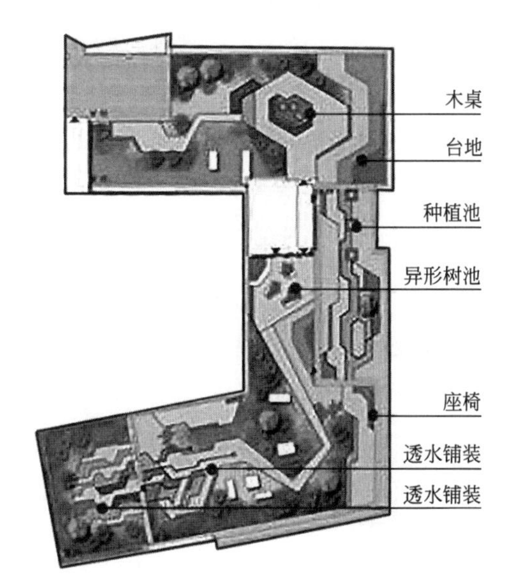

图 2-22 西部云谷二期屋顶花园 2

图 2-23 西部云谷二期屋顶花园 1

沣西新城西部云谷二期屋顶基本情况　　表 2-3

建筑类型	屋顶绿化类型	绿化面积	绿化覆盖率	建造年代	主要植物配置模式	植物生长情况	可达性	特点
办公建筑	休憩屋顶花园	4160m^2	0.76	2019年	少量乔木+大量灌木和草本植物	新建筑竣工不久，养护良好	低，园区办公人员可达	花园式，屋顶便捷设置栏杆，安全应得到保证

园区绿色屋顶以透水铺装、卵石沟、传输型草沟、雨水花园、下凹式绿地、蓄水模块等设施消纳雨水，回用雨水通过溢流井接入末端两个蓄水模块，并在溢流井末端蓄水模块前端设置检测装置，对进出水流量及水质进行监测，经净化处理的雨水对云谷内浇灌系统及中央水景提供可靠水源，是沣西新城内具有典型示范意义的公共建筑雨水利用案例。西部云谷一期绿色屋顶建设中使用环保多孔岩、保绿素、农用岩棉等轻质、保水能力强的特殊介质材料，大大提升屋面对雨水节流、缓冲和净化作用。西部云谷二期绿化面积增加，既可以迟滞雨水，还能起到减排、缓解热岛效应的功效（表2-3）；同时消减径流水量，控制径流污染。经过多场降雨检验，水量消减效果明显，削减暴雨径流的洪峰流量和径流总量，对雨洪控制有很大促进作用（图2-24、图2-25）。

图 2-24　西部云谷二期屋顶实拍

图 2-25　西部云谷二期屋顶效果图

西部云谷二期7栋办公建筑四组屋顶的雨水滞留、雨水传输和雨水收集利用等设施中雨水滞留设施以景观植物滞留为主，包括采用植被布置、透水铺装设置等设施；雨水传输设施包括自屋面直到场地最终排入雨水收集系统雨水管传输体系；雨水收集利用设施隐含在地下通过管道连接。

通过实地调研中发现，西部云谷二期的绿色屋顶在功能空间上有了更加丰富的设计（图2-26、图2-27）。首先，由透水砖铺设的休憩场地面积相对一期面积增大，不是简单的交通功能，已能满足使用者停留或者小范围的聚集功能，这样就更加丰富了屋顶花园的使用功能，也能够增加屋顶花园的使用率。其次，设置有一些休憩功能小品，这样能够丰富屋顶的空间效果，提高办公人群在使用屋顶花园时的空间体验感。最后，植物配景相对来说也更加丰富，除了地被类植物，还结合灌木以及乔木进行景观的设计，丰富了屋顶的景观层次，提升了屋顶花园雨水景观效果（表2-4）。

图 2-26 西部云谷二期绿色屋顶 1

图 2-27 西部云谷二期绿色屋顶 2

沣西新城西部云谷二期绿色屋顶花园雨水景观 表 2-4

雨水传输设施		雨水滞留设施	雨水调蓄设施

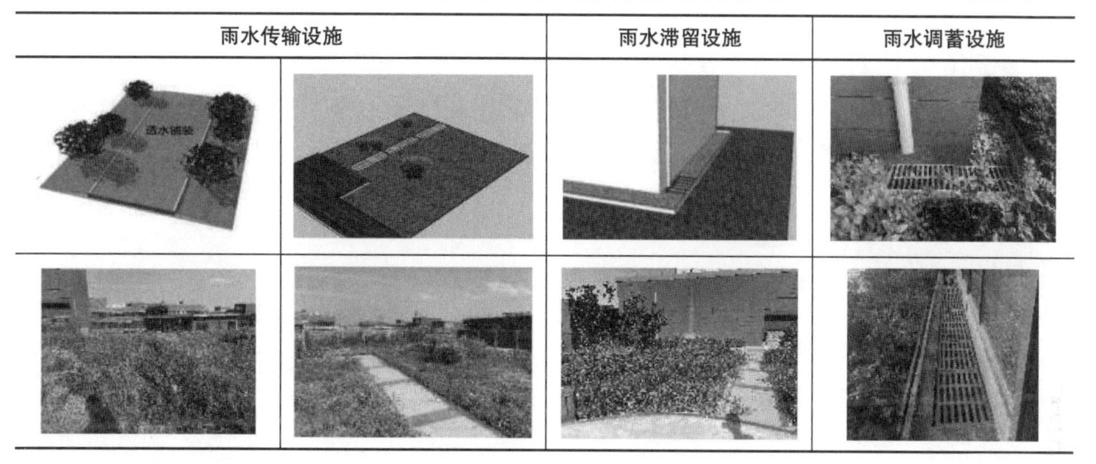

西部云谷是沣西新城最早建成的雨水利用的项目之一（表2-5），将初期的雨水留在屋面，达到滞留净化雨水，溢流的雨水通过管道传输到场地外，同时整体覆盖的植被、砾石、雨水溢流井等对雨水在传输过程中进行净化（表2-6）。西部云谷的屋顶绿化基层结构高度出屋面高度约400mm，是将独立于屋顶的结构凸起于屋面结构之上（图2-28），是在原有屋面上叠加新的绿色屋面的类似双层屋面的做法，相较于后期整合度更高的复合式绿色屋顶，自重大、结构复杂、后期维护管理难度高。

沣西新城西部云谷 表 2-5

建筑类型	屋顶绿化类型	绿化面积	绿化覆盖率	建造年代	主要植物配置模式	植物生长情况	可达性	特点
办公建筑	休憩型花园式屋顶	988.2m^2	0.61	2015年	灌木为主+草本植物	一般，建成年份长，养护不当	低，园区办公人员可达	建成时间早，维护水平低

绿色屋顶雨水净化设施设计解读 表 2-6

雨水滞留设施		雨水传输设施	雨水调蓄设施		
吸水材料	透水铺装		导流池		溢流井

受到结构承载力、使用人数、自然条件及维护难度的限制，屋顶绿化景观丰富度较地面花园低，简单的植被覆盖、园路的铺设和休息座椅设计（图2-29），用于满足基本的休憩活动，已经是理念和实践上的重要突破，所以功能上相对比较单调。

图 2-28 楼梯间出口与屋顶凸起绿化的高差

图 2-29 西部云谷办公楼绿色屋顶休息座椅

相较于西安市其他办公建筑屋顶缺乏设计与利用，强烈日照下造成光污染，建筑顶层室内环境较差等情况，绿色屋顶在空间设计、植物配置、结构设计和功能需求等方面的现状较好（图2-30、图2-31）。调研的沣西新城典型的办公空间三个办公建筑均属有绿色屋顶，屋顶花园栽植灌木、小乔木、草本和地被植物分隔空间，提高基地绿化覆盖率，改善了生态环境。受制于屋顶的位置较高，可达性较差，加强与周边建筑、屋顶、公共空间及场地环境的有机联系，可以大大拓展屋顶布局规划合理性和创新性（图2-32、图2-33），屋顶空间丰富的景观要素、功能空间和视觉效果才有存在的依据。建筑雨水利

图 2-30　西部云谷绿色屋顶维护效果 1

图 2-31　西部云谷绿色屋顶维护效果 2

图 2-32　西部云谷办公楼绿色屋顶通道

图 2-33　西部云谷办公楼绿色屋顶休息座椅

用推动了更为合理和具有创新性的建筑形式的创造，也为更加自然、协调和动植物种类丰富的城市环境提供了可能。

建筑屋顶冬夏季温湿度不适于人活动的时段管理与维护应相对简便，春秋季植物灌溉、施肥、定期修剪、清除杂草等应及时，避免因杂乱无章而荒废（图2-34～图2-36）。

图 2-34　道具废弃随意堆放

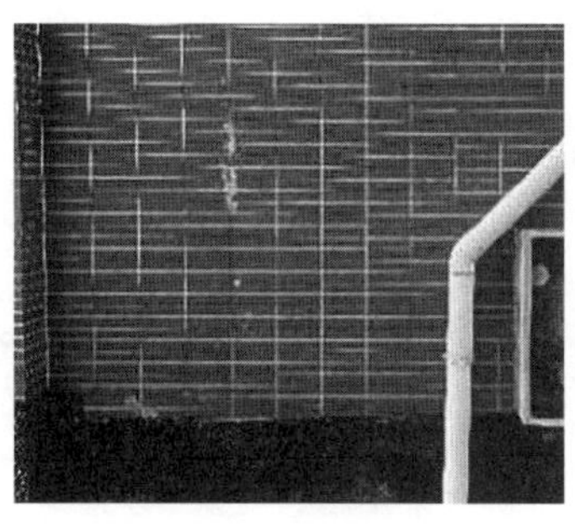

图 2-35　设备维护不当

图 2-36　植物枯萎且生长到园路上

2.2.3 沣西新城同德佳苑

西咸新区沣西新城同德佳苑是以海绵城市理念为指导的住宅小区（图2–37）。同德佳苑西面紧邻同德路，东临秦皇大道，南靠康定路，总规划面积约200亩，总建筑面积约40万m^2，地上建筑面积35万m^2。小区规划用地39669m^2，其中硬质屋面9521m^2，占总面积的24%，透水铺装面积6830m^2，透水铺装面积占总面积的17.2%，硬质道路及广场1500m^2，硬质道路面积占总面积的3.8%，绿地面积21818m^2，占总面积的55%。同德佳苑小区是集LID、环保、节能为一体的新型小区，小区雨水景观共有传输型（滞留型）植草沟、下凹式绿地、雨水花园、生态滞留草沟、透水铺装和生态树池六种形式，组成结构功能完整的雨水利用系统（图2–38 ～图2–40）。西咸新区单次设计降雨量为18.5 ～ 19.2mm，年径流总量控制为80% ～ 85%，内涝防治标准为抵抗50年一遇等级。

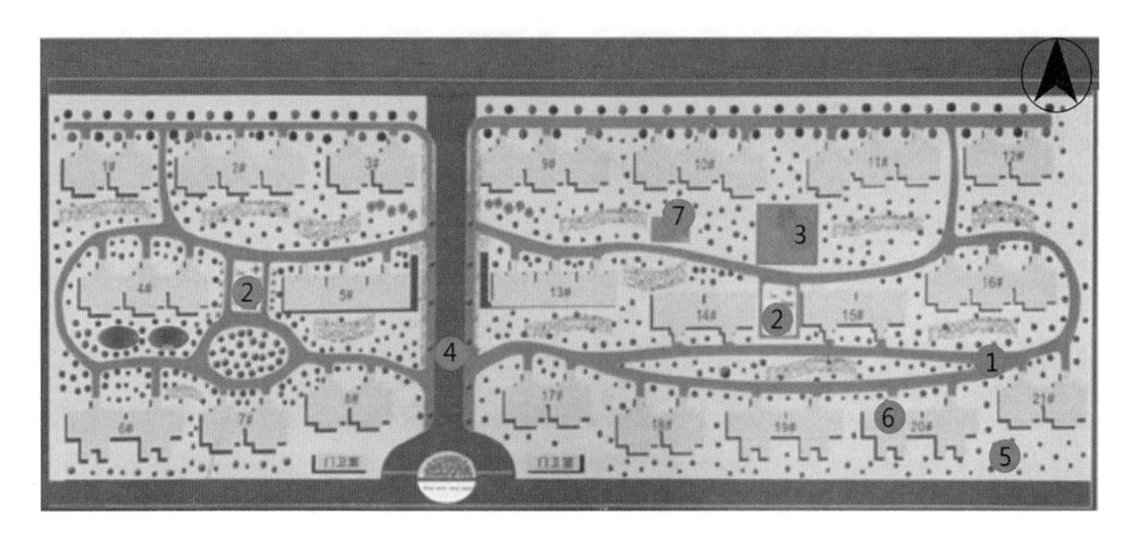

图 2–37　同德佳苑总平面

1—透水铺装；2—透水铺装活动场地；3—不透水篮球场；4—不透水车行道；5—绿地；6—建筑；7—非机动车停车位

图 2–38　下凹式绿地

图 2–39　下凹式绿地的种植

同德佳苑由纵向主干道和横向的种植带形成“两横一纵”轴线，空间要素主要沿横向种植带布置。来自建筑屋面的雨水通过雨水管排放形成点状径流来源，点状径流来源经植草沟充分净化后进入下沉绿地，在各绿化块最低点设置雨水口，绿地内雨水充分下渗后多余部分经地下管网排放。下凹式绿地因其造价低、效果好等特点，是住区内最为常用的雨洪管理措施。小区将下凹式绿地布置在道路两侧，可使植物种类更加丰富，在楼宇之间形成了独特多变的景观效果。为防止暴雨期雨水漫溢至路面，影响通行，在下凹式绿地中设置溢流管，以达到更好的控制效果。

图 2-40 雨水花园全景

雨水花园设置在小区东南侧，用以收集来自建筑物及周边道路汇集的雨水。雨水花园具有两个水泥进水口，雨水经建筑及道路的排水管道流入进水口，进入雨水花园开始渗透净化作用（图2-41）。

同德佳苑在铺装方面使用透水与不透水铺装相结合，在保证居民通行的同时增强了雨水的渗透性（图2-42）。未采用透水铺装的道路用灰色砖与黄色盲道结合，路面径流不能下渗；采用透水铺装的道路，路面径流下渗能力大大提高。透水铺装的产品较少，对小区景观多样性的应答较弱。

中央大道两侧布置有生态滤沟，长约15m，宽0.7m。雨水进入生态滤沟后，顺滤沟的曲线流动，路径延长近一倍，流速减缓，植物对污染物进行过滤。道路东侧为渗透型滤沟，雨水流程的末端设置了溢流井；道路西侧为非渗透型滤沟，雨水流程末端设置蓄水池，露天蓄水池应注意安全防护（图2-43）。

图 2-41 雨水花园进水口

道路两侧生态树池布设于道路两侧低点处，宜采用生态环保材料减少水泥等材料生硬呆板的形象（图2-44）。路面雨水径流顺地势流至树池内，经过表面的覆盖层、换填层、砾石层的截污净化和过滤下渗，雨水吸收后通过排水盲管经溢流口排入雨水管网。生态树池对路面雨水污染物有一定截留效果，但在长期运行中，需要加强维护，确保其表面疏松，利于雨水下渗。

同德佳苑小区在五年内较大的39场降水，溢流仅有6次，95%以上的雨水

图 2-42　透水道路

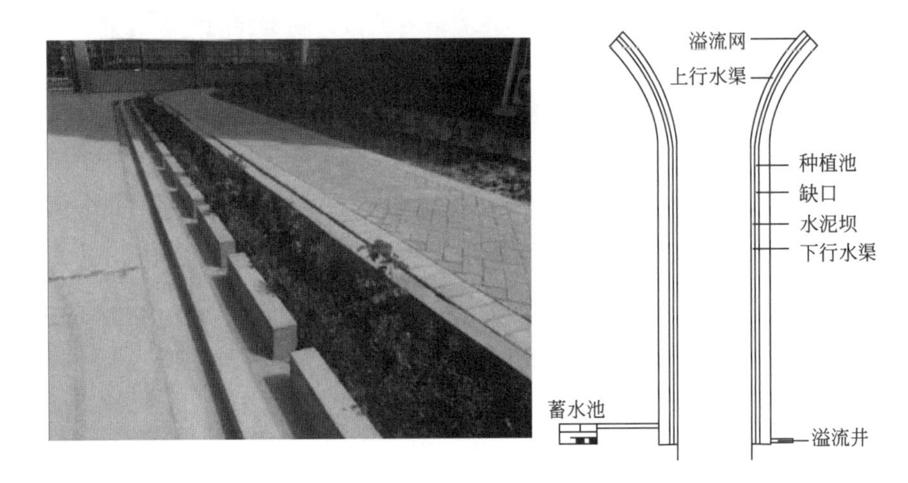

图 2-43　生态滤沟示意图

图 2-44　生态树池

都能够入渗补给地下水，起到削减径流的作用。雨水花园小雨无积水，大部分的降雨入流还未覆盖整个雨水花园就已经全部入渗补给地下水，当径流量大于入渗量的雨量会暂时储存在雨水花园中，缓慢渗透，减缓径流峰值的出现，对城市雨洪控制有很大的促进作用。

小区超过95%的雨水径流经过4m的黄土层入渗补给地下，雨水花园对总固体悬浮颗粒物的平均负荷削减率为75%；氮类污染物中，削减效果最好的为氨氮，平均负荷削减率可达64.3%；雨水花园对磷也有一定的去除效果，平均削减率约55%。

不同于我国南方部分城市的暖湿气候，西安市干旱、半干旱、夏季炎热、冬季寒冷的气候较温暖湿润的南方部分城市建筑屋顶雨水利用较少，较上海市、深圳市等城市的屋顶花园建设水平相比，研究投入、设计和建造过程均存在着如设施投入、后期养护成本高等难题，使投资开发者对屋顶绿化望而却步。随着城市化加速带来如热岛效应、径流污染和城市排水系统的压力等城市问题不断凸显，系统设计和组织绿色屋顶的建设科学技术和相关产品的应用开发，具有雨水利用功能的绿色屋顶可大大缓解这些城市病，屋顶花园相关知识和高水平设计人员的缺乏是具有雨水利用功能的绿色屋顶发展中的制约因素。干旱、半干旱气候条件下沣西新城具有雨水利用功能的建筑现状及存在问题成为后续改进型设计策略提出应重点解决的问题。除西咸新区沣西新城外，西安市其他城区零星分布具有雨水利用功能的建筑案例。

2.3 其他案例

2.3.1 西安市高新区综合服务大厅

西安市高新区综合服务大厅是集办公与商业为一体的建筑综合体，其花园式绿色屋顶以商户及服务大厅的办公人员为服务对象，采用了中国传统园林的造园手法，以早园竹和南天竺围挡，远离地面而封闭，可供多类型人员进入，通达性也较强（图2–45）。

从外部看屋顶花园

电梯入口景观

屋顶花园入口

花园入口景观

图2–45　西安市高新区综合服务大厅屋顶花园

古典园林廊、亭、置石和拴马桩等要素与黑白分明的石子搭配苔藓、草本植物形成别有韵味的枯山水景观；入口处的水景是由50mm深的矩形水池和景观置石和造型松组成；为适应屋顶荷载，廊架采用了轻质铝制钢架搭配颜色相近的半透明塑料材质的顶棚，相较于石质、木质廊架更加轻巧灵动（图2-46）。花园整体可划分为入口景观区、观景区、洽谈区三个功能区，由于空间尺寸较小，所以场地内交通流线较为简单，主要通过植物进行场地划分（图2-47）。

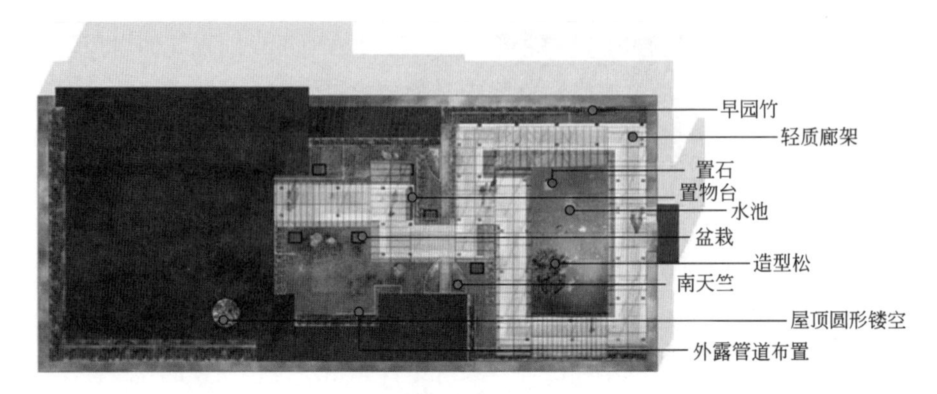

图2-46　屋顶花园总平面图

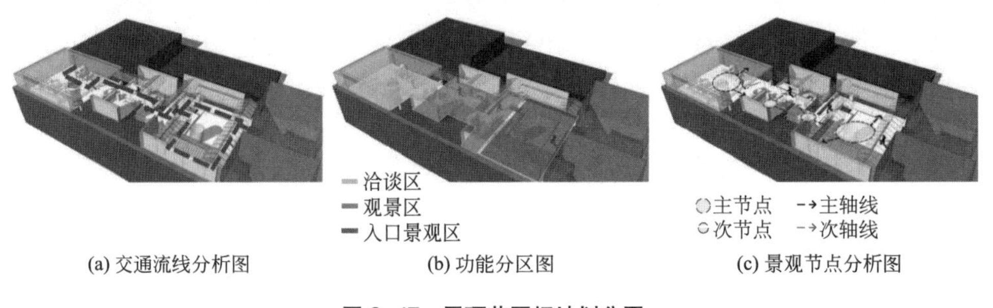

(a) 交通流线分析图　(b) 功能分区图　(c) 景观节点分析图

图2-47　屋顶花园场地划分图

种植形式分为两种：直接覆土种植和砌筑种植槽栽植。直接覆土种植的植物多为鸢尾、地毯草、苔藓等浅根、覆土较浅的植物，砌筑种植槽栽植的多是灌木及小乔类。乔木主要以旱园竹、松树为主，灌木以南天竹为主，草本植物以鸢尾、地毯草种植较多，植物生长良好（图2-48）。

场地内主要利用碎石、种植基质蓄存雨水，排水口设置在边缘的景墙下方和规则形水池四周的碎石下，排水口处皆有碎石遮挡，起到过滤网罩的作用。鸟类在廊架的隐蔽处筑巢，且有水池中饮水、草丛中觅食的行为。此屋顶花园不仅为人类提供了优质的休闲空间，还为城市中的鸟类提供了休憩场所，改善城市空间环境、增加生物群落、提升景观效果（图2-49）。

2.3.2　陕西省城乡规划设计研究院办公楼

陕西省城乡规划设计研究院科研生产办公楼位于西安市未央区，集办公、餐饮、休闲娱乐于一体的多功能庭院式组合建筑，仅对办公人员开放。中庭、阳台及屋顶空间均有植被种植。阳台绿化以容器栽植为主的紫藤、青竹、月季、常青藤及小型盆栽为主，无灌溉设施，需人工引水浇灌（图2-50），易操作，保洁和办公人员可完成。

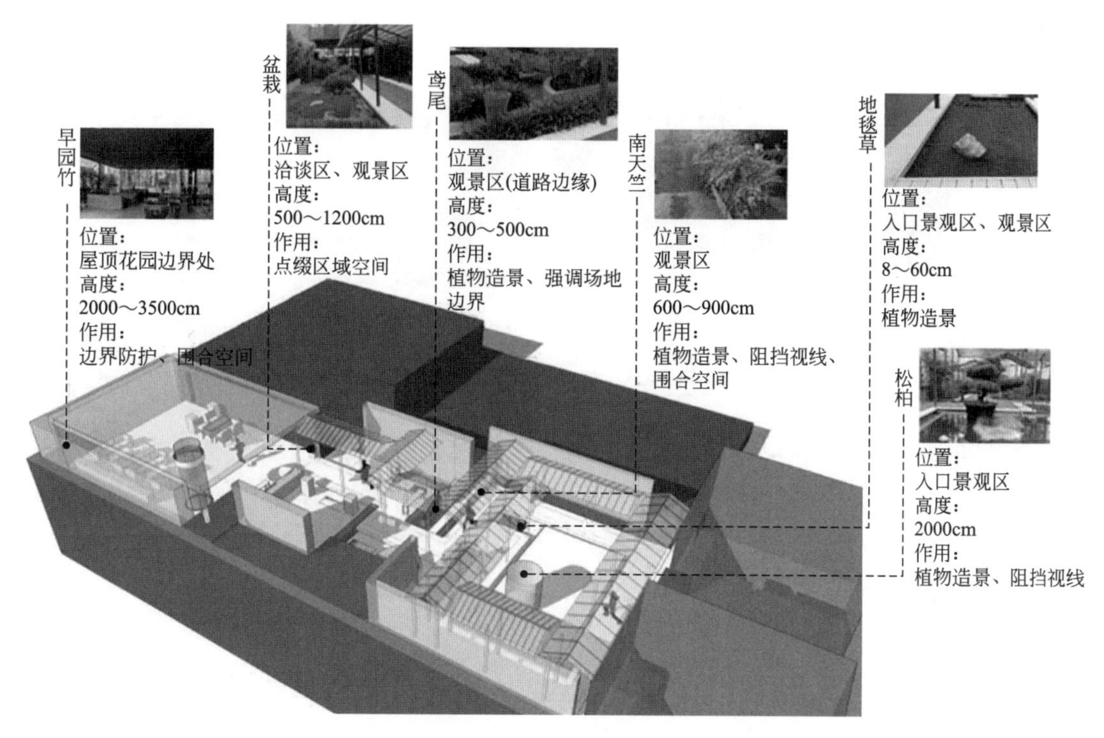

图2-48　植物种植设计分析

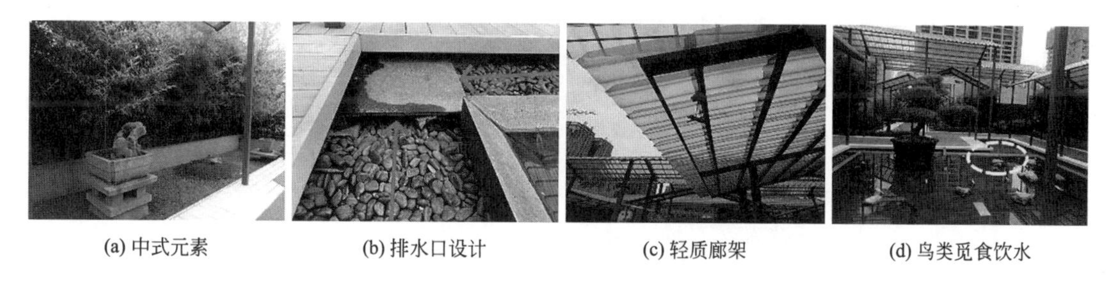

(a) 中式元素　(b) 排水口设计　(c) 轻质廊架　(d) 鸟类觅食饮水

图2-49　屋顶花园场地现状

图2-50　阳台绿化位置及现状

墙体绿化模块式种植，一至四楼植物为鹅掌柴，四楼以上为假植。受墙体高度和结构限制，四楼以上施工较为复杂，且灌溉难度大，采用假植安全性和观赏效果好，植物养护管理难度高，枯黄明显，影响绿化墙整体效果（图2–51）。

图2–51 墙体绿化现状及绿化系统图

屋顶花园位于建筑三层和四层屋顶，三层为花园式屋顶绿化，四层为草坪式屋顶绿化，因草坪式屋顶绿化基层处理不好造成渗漏，现仅保留三楼的屋顶花园。花园式屋顶采用了规则形的平面布局形式，搭配木质花架、座椅，创造出一处幽静的屋顶花园，为办公人员提供交流、休憩场地（图2–52）。

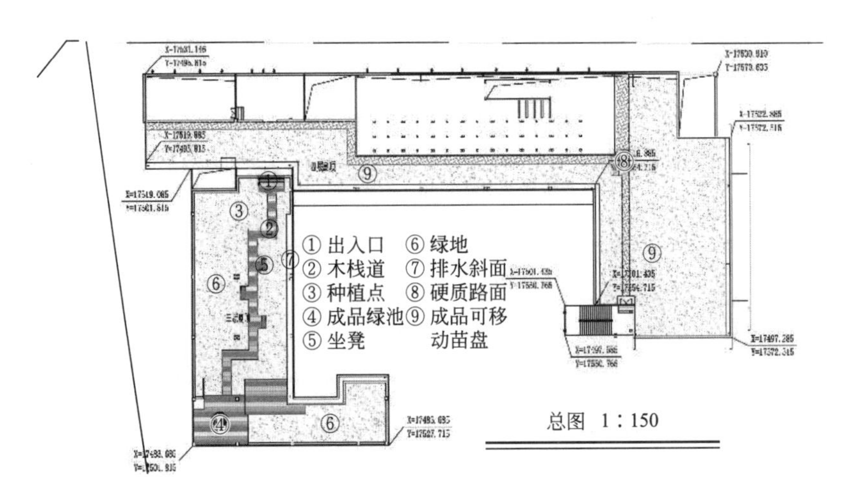

图2–52 屋顶花园设计总图

三楼屋顶花园植物生长情况较好，但屋顶花园需要更好地维护管理，避免植物枯死、土壤板结，更换发霉腐烂木制花架，应考虑小型人工可运输的设施和构件，减少温暖天气蚊虫，为员工创造更好的休憩环境（图2–53、图2–54）。

2.3.3 西安市创业研发园、西安市规划局办公楼及西安市成长大厦

西安市创业研发园位于西安市雁塔区，其联合办公区二层屋顶总面积达到了6830m^2，其中铺装面积3610m^2，绿化面积3220m^2。花园连接了瞪羚谷由A至E五座建筑，且每座建筑的二层都有直接进入花园的入口，人们可从二层直接进入花园，也可由花园下楼。既提

(a) 麻绳腐朽严重　(b) 种植槽内土壤板结

(c) 园内土壤板结

图 2-53　园内现状问题

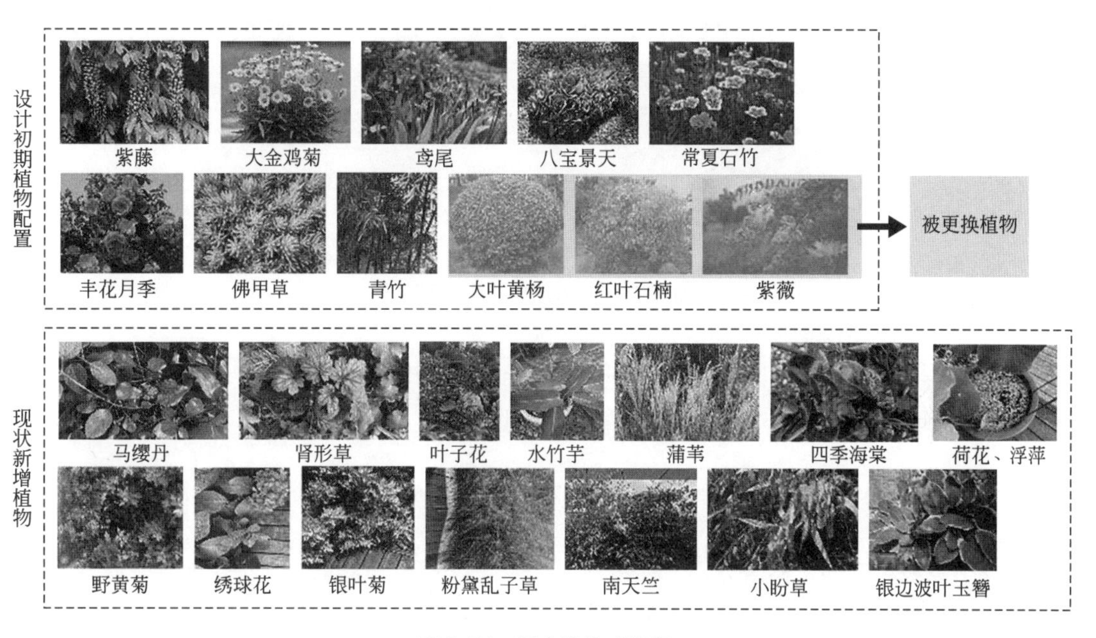

图 2-54　园内植物对照表

高了屋顶花园的可到达性，为办公人员创造了休闲空间，又能够避免上下班高峰期建筑一楼入口拥堵的情况（图2-55）。

规则式屋顶花园东西两侧种植草本植物及小叶黄杨、金叶女贞、龙柏等低矮灌木，创造了良好的观景视线。中心区域以乔灌草进行搭配，场地内基础设施以照明设施和灌溉设施为主，座椅等休闲设施紧缺（图2-56）。屋顶花园植物枯亡现象严重，尤其是中心区域的种植槽内的景观性好的植物。因植物生长条件不同，屋顶花园土壤条件、空气温湿度变化大、日照强，且土壤板结现象明显，过于注重色彩和气味、季相的常绿植物搭配，更易

(a) 屋顶花园主入口

(b) 串联五座建筑

(c) 建筑二层出入口

(d) 创造观景视线

图 2-55 屋顶花园入口景观

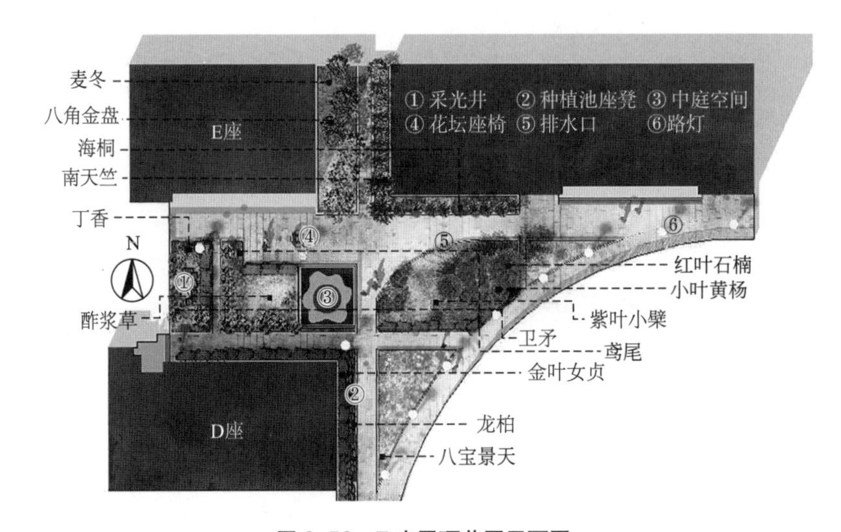

图 2-56 E 座屋顶花园平面图

出现枯萎，对养护过程提出更高的要求和费用，屋顶花园的土壤条件也是决定其成功与否的关键，专业的土壤改良与管理成为植物管护必须的内容。屋顶花园缺乏管理现状见图 2-57。

(a) 植物颜色单调

(b) 土壤板结明显

(c) 缺少维护管理

(d) 休闲设施缺乏

图 2-57 屋顶花园缺乏管理现状

西安市规划局办公建筑及停车库建造于2001年，位于西安市莲湖区，建筑高度为五层，建筑屋顶及墙体以地锦、常春油麻藤、月季等生长速度快的植物组成，藤蔓覆盖了规划局及旁边的建筑，大大增加了城市绿化量和观赏效果。由于植物的气根会对建筑造成一定的破坏，应注意及时修剪；植物在冬季会枯萎，应注意对有限的植物种类冬季景观效果的再塑造（图2-58、图2-59）。

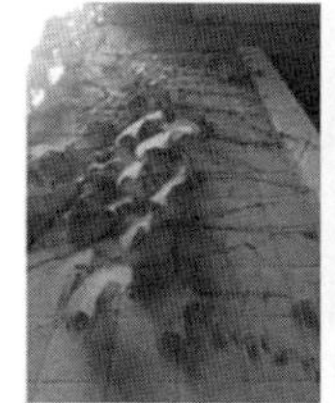
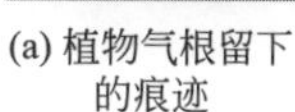
(a) 植物气根留下的痕迹

(b) 植物种植现状

(c) 植物覆盖建筑

(d) 冬季植物枯萎

图 2-58　墙体绿化效果对比 1

图 2-59　墙体绿化效果对比 2

西安市成长大厦位于西安市碑林区南二环西段，为高层现代化办公建筑综合体，包含餐饮、娱乐、休闲功能。其裙楼的屋顶及露台，即六层、七层两个屋顶花园，露台主要是通过在厚度为10～15cm的生长基质上铺设植物毯实现绿化。屋顶花园服务于办公建筑中的工作人员，屋顶花园采用造型松、石榴等少量乔木作为主景树，种植了大量易于修剪成型的灌木及草本植物，藤本植物以葡萄、紫藤和常春油麻藤为主，保证了观景视线的通透，成为员工们休憩，聚餐的主要场所（图2-60）。

(a) 六层屋顶花园现状

(b) 更换土壤

(c) 枯山水景观为主

(d) 在屋顶花园拍摄城市景观

图 2-60　六层屋顶花园

种植基质土壤在雨天流失养分容易结块、硬化，导致植物大量死亡，加强种植基质的肥力、空气、养分，增设灌溉装置，增加耐旱耐碱耐寒的植物，对屋顶花园的建设具有较大帮助。以枯山水景观为主，搭配一些景观雕塑和植物，能塑造更好的景观效果，吸引人群活动。

西安市位于干旱、半干旱寒冷气候区，相对于气候常年温暖、舒适的地区，具有雨水利用功能的建筑建设更具挑战性。由于既有建筑的荷载在设计初期并未将绿化荷载计算在内，加之，长期暴晒、风化、热胀冷缩，昼夜温差较大等情况使植物的生存艰难，所以植物应挑选能够抵抗这些环境因素或在此环境中更加适宜生存的植物类型。屋顶花园雨水利用时还需要考虑植物的耐旱、涝能力。种植高2m左右的梭形松柏需要固定以防出现植物倾斜、侧歪的现象，同时考虑屋顶空间受风影响情况，应尽量选择低矮、分枝较多，叶片稀疏的植物。

西安市屋顶花园适宜植物如表2–7所示。

西安市屋顶花园适宜植物归纳表 **表2–7**

植物类型	植物名称
乔木	石榴、碧桃、松树、桂花、竹子、鸡爪槭、女贞、蜡梅、紫叶李
灌木	石楠、月季、南天竺、栀子花、小叶女贞、红豆杉、绣线菊、小叶黄杨、绣球、鹅掌藤
草本	波斯菊、鸢尾、佛甲草、常夏石竹、麦冬、三叶草、八宝景天、鼠尾草、蒲苇、粉黛乱子草、苜蓿、委陵菜、垂盆草、肾形草、玉簪
藤本	凌霄、五叶地锦、紫藤、常春油麻藤、葡萄

作为陕西省省会、关中平原城市群核心城市、国家重要的科研、教育、工业基地的西安市是西北地区国家中心城市。具有雨水利用功能的建筑研究对西北地区城市具有一定的代表性，各城市应针对自身特点，提出更好的应对策略，促进城市及建筑的可持续发展。具有雨水利用功能的建筑首先应注重建筑一体化设计，以屋顶花园促进建筑设计水平的提高，目前绝大多数建筑屋顶花园都是在建筑施工完成使用多年后才建设的，一方面印证了建筑雨水利用屋顶花园的意义与价值；另一方面后期的加建、改建难以取得最佳的景观和使用效果。此外，建筑老化定期维护、翻修、改造降低了建筑结构承载力和材料强度，增加了具有雨水利用功能建筑屋顶花园设计施工的复杂性。既有建筑中的使用者需要重新习惯使用屋顶空间以解决屋顶空间闲置的问题。屋顶花园位置较高，实际观赏者较少，应更注重参观者本身的逗留、运动等实际参与活动，不过度刻意营造高视点视觉景观效果，而注重花园归属感和共有意识的培养，做好长期使用与管理。材料、色彩宜考虑长期使用者的视觉心理体验，功能以满足建筑本身使用者为主。

专业植物养护管理人员而非保洁人员的创新技术对屋顶花园效果至关重要，屋顶花园模块式建构方式为不定期更换枯萎、病害植物创造了简便的条件，由于屋顶位置较高，墙体高度限制，更换植物时较为繁琐，在建筑使用过程中进行施工，距离长难度大，影响面广，清洁及各工序施工参与者多。屋顶花园应避免土壤板结、屋顶及墙体表面受潮、漏水等现象，应加强对建筑屋面基质的强化保护，防止外力破坏和内部潮湿渗水（图2–61）。较浅的种植基质无法为植物提供全面的营养，随着雨水冲刷原有的土壤，养分也流失殆尽，与地表生物联系较弱，缺少蚯蚓爬虫等松土，须定期松土施肥。

西安市为缺水城市，夏秋易发生内涝，对太阳能板、再生能源的使用也为及时收纳雨

图 2-61　植物枯死现象及绿化对墙体造成的影响

水利用提供了新的可能，雨水利用为屋顶绿化提供部分浇灌用水，亦可阻滞雨洪洪峰的到来，对缓解城市洪涝具有明显作用。

造价高、结构构造设计复杂、设计施工有挑战性，对维护管理水平要求高，政策指导应更加完善，政府建筑示范作用应充分发挥，引导建筑使用者充分利用屋顶等室外空间展开各种活动，都是屋顶雨水利用应解决的重点问题。绿化量少且景观效果不稳定，结构加强带来经济成本增加仍是具有雨水利用功能建筑推广的最大瓶颈，此外，施工复杂也是阻碍建筑雨水利用的一个重要原因。后期维护管理无论人力、物力和财力都消耗较大，加之人们使用屋顶的行为习惯需要培养。综上所述，具有雨水利用功能的建筑成为城市经济和社会进一步发展的发力点，需依靠人的设计、管理水平的普遍提高。

具有雨水利用功能的建筑其生态效果的持续稳定地发挥作用，需要对屋顶、墙体等建筑围护结构的一体化设计，才能避免在使用过程中对建筑结构、外观的负面影响。保持持续的生态功能不仅需要政府单位建筑的示范作用，其他公共和居住建筑、办公、商业等多类型建筑也需政府鼓励与引导性政策。

第3章 雨水利用相关的建筑要素及其联动过程分析

具有雨水利用功能的建筑无论对资源利用抑或城市建设等方面而言都具有重要作用，国内外学者对此领域的相关研究十分丰富，在系统整理相关研究发展脉络、理论和实践案例的基础上，建立具有雨水利用功能的建筑理论架构，总结前期理论的经验和存在问题的原因，为提出适合我国西北地区的具有雨水利用功能的建筑设计方法奠定基础。

3.1 建筑表皮各要素应对雨水的方式

建筑应对雨水的要素包括建筑外部表皮系统、内部雨水循环系统等，两者之间的联动过程的分析是由表及里的过程，从表皮功能、形态、材料等深入内部雨水系统的研究。

3.1.1 建筑表皮雨水利用的模式

建筑表皮作为建筑与外部空间直接接触的建筑构件、系统或构筑物，一般由垂直方向与水平方向的构件构成。垂直构件包括墙体、门窗等，水平构件包括屋顶、露台、天台等，此外还包括局部构件，如雨棚、柱廊等。建筑表皮的围护结构及其细部构造基本功能就是形成抵御雨水侵蚀和破坏的气候边界，建筑表皮在应对降雨采取了一系列规避和利用雨水的方法，为人们营造安全、健康、舒适的环境。传统建筑抵御雨水的方法是合理选择材料、设计形态和构造等以实现防污、防渗、稳定的功能。随着建筑技术、材料等方面的进步，结合不同降雨量，采取一些建筑设备引导雨水在建筑中的排放路径，可以达到储存、积蓄、引导、滞留和利用雨水的目的。

建筑形态、材料与构造设计不仅可以有效增强建筑表皮抵御雨水的耐候能力，同时还能够进行雨水集流与回收，从而达到雨水利用的目的。当今建筑表皮设计在应对雨水时从“快速排出”逐渐转向“雨水的收集与利用”，最终实现排用结合的模式。建筑表皮水平构件中的屋顶、露台的形式决定了雨水径流路径及雨水集流设施的布置，北京世界园艺博览会中国馆屋顶的设计体现了表皮形式与雨水利用的完美结合，坡屋顶加速雨水的排除，排除后汇流到排水沟之后，浇灌场地两侧梯田，多余的雨水还可用于其他水景用水。

屋顶是建筑表皮上重要的水平构件，建筑屋顶等水平方向的雨水承接面通过雨水汇流、集流、限流以及渗透等LID设施对雨水收集与利用，可以实现对雨水径流洪峰形成时间进行延迟，降低洪峰流量，降低建筑外排水量。建筑水平构件雨水利用模式可以分为以绿色为主与以蓝色为主两种屋顶模式。绿色屋顶上大面积的绿化区域可以吸收雨洪期间多余的雨水径流，同时通过植物根系净化过滤，将雨水收集到雨水桶进行存储回用，从而起到保护建筑表层的作用，同时多种植物搭配的种植层也可以吸收建筑热量，延缓雨水径流的生成，缓解城市热岛效应（图3-1）。绿色屋顶从上至下一般有种植土、过滤层、排蓄水板、保温毯、阻根层、防水层及结构层等（图3-2），可以对建筑表皮形成良好的保护，从而减少雨水渗漏的情况发生。屋顶种植层的基质层蓬松的结构为植物生长提供空间，同时吸纳、储存雨水，从而延缓雨水径流的形成，减少雨水径流峰值量，从而达到降低建筑外排水量，有效减少城市市政管网的压力，减少城市洪涝灾害的作用。屋顶植被层在初期弃流后可以对雨水进行过滤、净化后收集进行再利用，减少雨水利用阶段的成本投入。

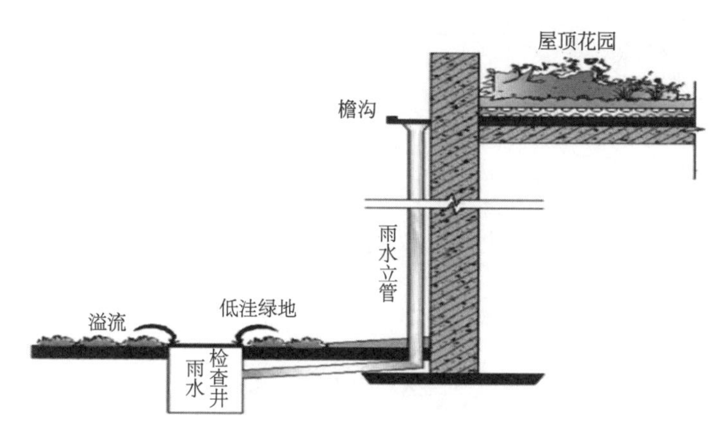

图3-1　绿色屋顶雨水收集机理图

图3-2　绿色屋顶结构

蓝色屋顶上限流设施可以对屋顶雨水径流进行临时滞留、暂时储存，从而降低峰值流量，延迟雨水径流到达下游管道的时间，并用于二次回灌、冷却建筑物以及用于景观水体等（图3-3）。雨水限流设施包括主动和被动的控水模式，即增添屋顶的限流

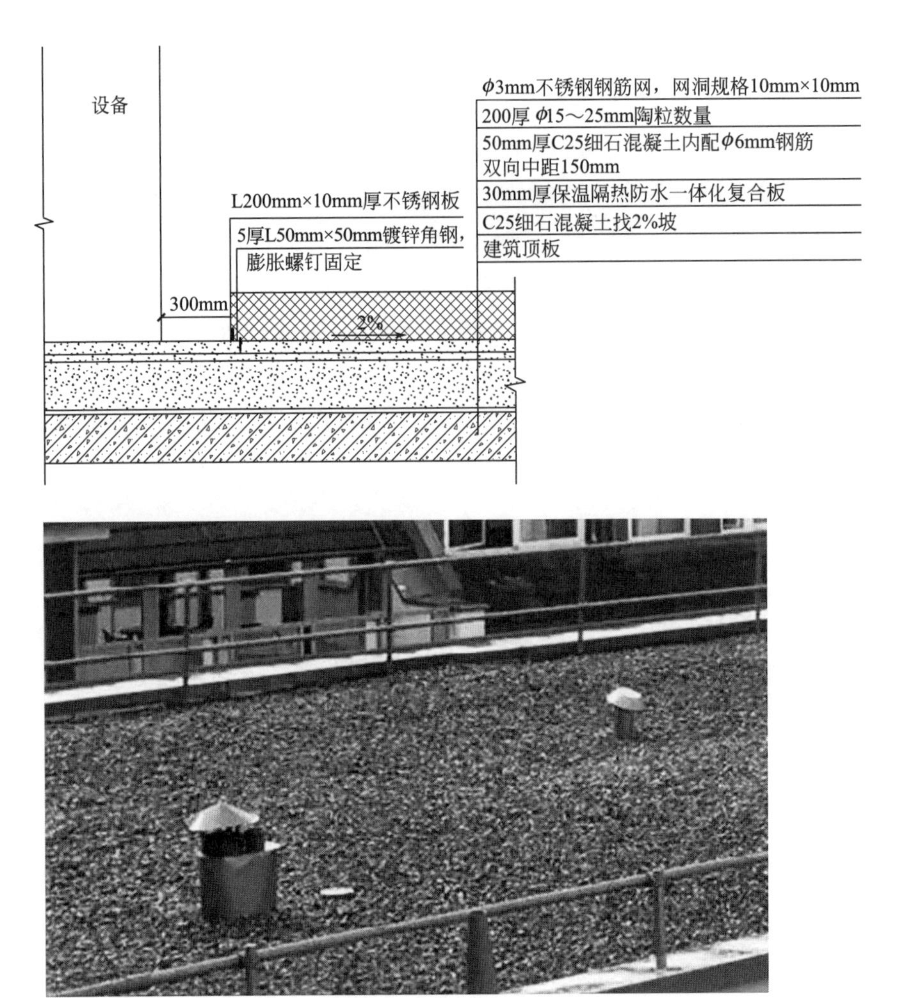

图 3-3　蓝色屋顶示意图

设施或在屋面铺设蓄水材料，通过阻滞雨水排放的路径，降低雨水径流流速，从而控制雨水在屋顶停留的时间，使之与市政管网洪峰排放时间错开，进而减少内涝灾害的发生。

相对而言，绿色为主的屋顶对屋面雨水径流的迟滞与吸收效果较好，对屋面荷载、建筑高度、结构、植被及种植基质等要素之间的耦合关系有较高要求。而蓝色为主的屋顶对于建筑高度、结构以及荷载等要求较低，但雨水的吸收与利用效果较绿色屋顶差，且成本较低。更适合于建筑荷载较低的老旧建筑以及建筑高度较高，不适宜建设绿色屋顶的超高层建筑雨水利用。两种雨水利用模式均具有较好的效果，在实际建设中，应根据建筑现状进行选择。

建筑外立面的垂直构件主要作用是雨水传输，作为雨水径流的承载面，对雨水收集蓄存能力有限，其雨水利用模式主要包括两种，利用阳台、空中庭院、外墙等外围护结构上立体绿化的植被对雨水进行吸纳、收集与拦截，延缓建筑表皮雨水径流形成速度，同时利用雨水滋养植被（图3-4）。其中藤蔓形式绿化是利用藤蔓类植物的吸附、缠绕、下垂等特点在外墙面进行雨水收集利用的做法，是应用最早、应用范围广泛、最直接的一种墙体绿化方式。模块式绿化则是把草木板、种植模块、雨水槽等垂直安装在墙体结构或框架中的绿化形式，这些种植容器可由塑料、弹力聚苯乙烯塑料、合成纤维、黏土、金属、混凝土等制成，形成一个个小型的“种植池”模块，一般种植具有多样性且密度大的植物。相对于藤蔓式绿化，模块式绿化具有墙体绿化形式丰富，几乎可用于所有结构类型的墙体。模块型墙体绿化的模块种类众多、尺寸可选范围广泛，可以拼接成任意大小和图案，满足各种需求，但同时也需要更多的维护与管理。

铺贴式绿化则是指在墙面上通过一定的构造处理手段，填充土壤或液体基质，以供植物自由生长，同时将雨水系统作为墙体构造的一个层次，这种做法既可以丰富立面结构，加强建筑形态的立面效果，又能将固定在墙体支架的导水槽对雨水及时收集利用（图3-5），剩余的雨水可汇集至同侧的雨水管道输送至建筑底部的蓄水池中进行过滤与消毒处理。建筑垂直构件雨水收集对建筑微气候有良好的调节作用，减轻城市热岛效应，对前期设计和后期维护管理要求较高，应用范围较广。导水槽式的雨水传输模式，虽传输效率较弱，对雨水径流的削减与吸纳效果较好，成本较低，具有较强的经济收益。

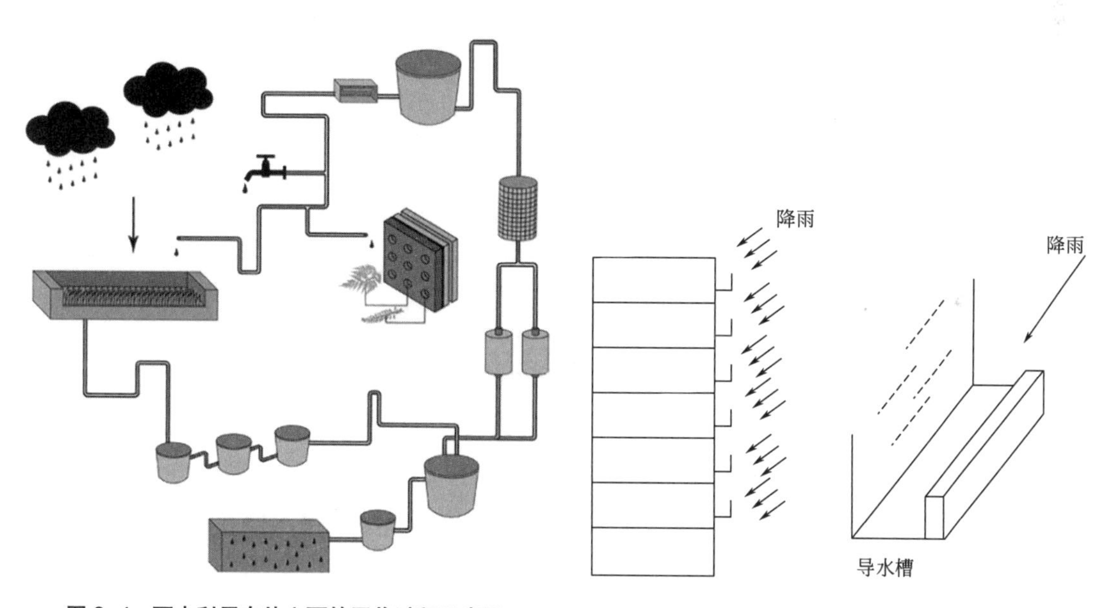

图 3-4 雨水利用在外立面的回收过程示意图

图 3-5 雨水导水槽示意图

建筑表皮围护结构因雨量变化选择不同结构构造做法，其中建筑屋顶花园、空中花园、墙面立体绿化是最常见的做法，可以有效吸纳、蓄留、净化、利用雨水，调整建筑功能、形态、构造、供水排水系统和植被可调控雨水的利用状态，并改善城镇生态与人居环境。

对建筑功能空间、形式、规模、高度与雨水蓄积容量、时段、方式相关性分析，确定建筑屋顶、墙体、雨水储存、净水、排放系统和建筑立体绿化的位置，明确区域雨水水量、水质的年、季、月、日周期雨水收集量，实际使用占比，设计开启、储存、分流、溢流等过程。比对具有雨水利用功能建筑不同模式下，建筑屋顶形态、墙体、内部空间等要素在不同类型降水作用下汇水轨迹，明确建筑营建体系雨水收集可能的位置、时间和数量，提升建筑全生命周期雨水利用效率，成为建筑雨水管理方案的依据。

3.1.2 建筑表皮雨水利用不同模式性能分析

建筑表皮雨水利用以建筑屋顶为主要构件，其中以绿色为主的屋顶根据屋顶种植绿色植物不同，可以分为低雨水迟滞性屋顶、中雨水迟滞性屋顶以及高雨水迟滞性屋顶（表3–1）。低雨水迟滞性屋顶绿化简单，屋面荷载较低、无土层覆盖或土层厚度较薄，因此对于雨水滞蓄与吸纳效果有限，迟滞雨水总量一般占雨水总量40% ～ 60%，一般为不上人屋面或开放性较低的屋面，植被层选择的植物多为各种景天属植物、草本植物。其后期维护频率和要求也相对较低，一年1 ～ 2次，可以以较低的成本完成雨水的初次净化与收集，性价比较高，并具有有效迟滞雨水和推迟洪峰产生的时间。

根据屋顶种植绿色植物不同的屋顶分类 表3–1

屋顶类型	植被选择	基层厚度	储雨量	迟滞雨水量
低雨水迟滞性屋顶	草坪、地被植物	80 ～ 150mm	35 ～ 70L/m^2	40% ～ 60%
中雨水迟滞性屋顶	草坪、地被植物以及低矮灌木	120 ～ 500mm	40 ～ 160L/m^2	60% ～ 95%
高雨水迟滞性屋顶	乔木、灌木以及一些观赏类植物	420 ～ 1000mm	180 ～ 320L/m^2	95% ～ 99%

中雨水迟滞性屋顶以低矮灌木与地被植物为主的半密集式绿化种植于上人屋面，可为人们提供观赏性强的游憩空间，相对复杂的植物要求基质层深度增加，蓄排水层排水板的设置使雨水净化与滞蓄效果较好，对于雨水的迟滞性能通常在60% ～ 95%。

高雨水迟滞性屋顶植被由乔木、灌木以及花卉植被复合构成，其土壤基质厚度在420 ～ 1000mm，对使用人群较多、屋面承载力好、功能复杂的建筑适合。每平方米可储水180 ～ 320L，迟滞雨水径流的总量在95% ～ 99%间不等，雨水的迟滞与储存性能更强，但屋面后期维护要求较高。

以蓝色为主的屋顶可分为限流器式屋顶、保护膜式屋顶两种（表3–2）。限流器式屋顶是通过提高屋顶雨水口高度形成一定高度的调蓄水位，并增加限流设施限制雨水径流流速，当屋顶径流量小于限流设施的过流能力时，径流正常排放，屋顶不蓄水；当流量大于限流设施过流能力时，屋顶开始蓄水，随着屋顶蓄水高度的增加，限流设施过流断面增加，排水流量也在增加，当屋顶调节水位达到限流设施最大调节水位时，屋顶雨水径流通过溢流口排放。限流设施的过流能力决定了屋顶径流排出的流量，可以通过开孔的大小、方式调节限流设施的出水流量变化。保护膜式屋顶是在硬化屋顶上铺撒一层如陶粒等的蓄水材料，降低雨水在屋面的流速及增大了蒸发从而达到滞、蓄作用。用作保护膜的蓄水材

蓝色屋顶分类　　表 3-2

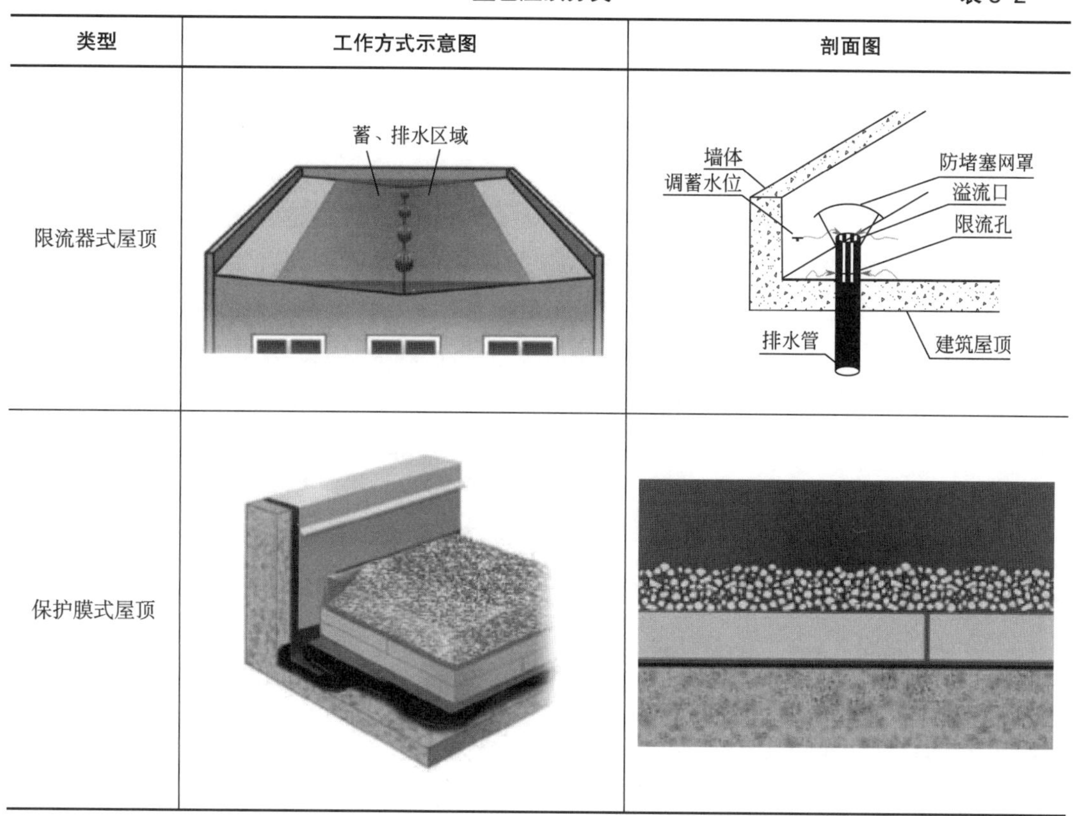

类型	工作方式示意图	剖面图
限流器式屋顶		
保护膜式屋顶		

料层具有隔水保气、高强度等优势，适用于超高层建筑屋顶面积大、位置高且没有雨水回用需求的项目建设中。目前深圳市腾讯大厦已经使用保护膜式屋顶技术进行设计，铺设了200mm的陶粒蓄水材料，经过SWMM模型评估，该屋顶的年净流量控制率可达65%。

带有绿植系统的墙体通过收集到的雨水涵养植物以吸收二氧化碳，降低聚热气体的浓度，从而达到局部降温，有助于调节微气候和降低热岛效应，雨水在建筑场地中蒸发可冷却建筑，净化空气，创造宜人的微气候。外墙雨水利用所收集的雨水，其水质较道路雨水以及屋顶所收集的雨水水质好，可以直接投入使用（表3-3）。经纵向集流系统传输的雨水，有80%能被绿化面吸收，其经济效益与运行效益较为可观。实际应用过程中可以根据场地面临的主要问题和控制目标，合理选择建筑表皮雨水利用模式，使屋顶雨水调控更加灵活、高效、有针对性。具有雨水资源利用功能的建筑中建筑表皮（屋顶、墙体）、接地方式、建筑供排水体系共同构成雨水－建筑－建筑水系统－景观系统－植物－小气候循环系统的物质基础，建筑雨水利用的过程与雨水利用效率之间的关系明确为构建建筑雨水利用建筑设计策略、营建方法及技术规范提供依据。

3.1.3　城镇建筑表皮各要素雨水利用方式的优化

城镇建筑表皮雨水利用性能的比较是提升雨水利用效益的基础，与所处地域气候特点良好结合能够更好实现雨水利用价值。以绿色为主屋顶雨水利用系统应用范围较广，且具有良好的生态效益与经济效益。建筑表皮水平构件中绿色屋顶雨水利用方式的优化首先根据当地降雨条件、建筑结构与荷载选择建筑雨水利用的位置和基本模式，基于此配置使用功能、蓄水区域、容量、汇水路径、基层构造及植被等。

维持建筑结构安全、保护人民的生命财产安全是城镇建筑表皮雨水利用的基础，屋顶绿化在满足屋顶承载力要求的前提下，选择绿色屋顶类型。既有建筑改造则应根据其屋面承载力现状选择具有雨水滞蓄效果的绿色屋顶雨水利用系统，同时应尽可能减少其绿化荷载，选择较为轻质的改良土壤与较为矮小的植被进行种植（表3–4）。绿色屋顶景观设计时可将荷载较大乔木等布置在支柱和主梁附近，而将荷载承受能力较弱的楼板中心位置设计成铺地或者草坪，建筑顶面绿地荷载分布与结构构件受力特点相符，大大增加了结构安全。

外墙雨水和道路雨水收集对照表　　表 3–3

序号	项目名称	外墙雨水	道路雨水	Ⅴ类地表水标准
1	*SS*（悬浮物）（mg）	5.28 ～ 36.59	158 ～ 549	10
2	*TP*（总磷）（mg）	0.01 ～ 0.08	0.01 ～ 0.12	0.1
3	*TN*（总氮）（mg）	0.25 ～ 1.43	2.41 ～ 4.18	2.0
4	*COD*(化学需氧量)（mg）	7.21 ～ 31.91	180 ～ 240	40

改良土和超轻量基质表观密度对比　　表 3–4

	类型	改良土	超轻量基质
表观密度（kg/m^3）	干表观密度	550 ～ 900	120 ～ 150
	湿表观密度	780 ～ 1300	450 ～ 650

在建筑屋面荷载允许的范围内，配置适合于建筑现状的绿色屋顶空间面积。结合当地不同雨水重现期径流特点，计算可增加绿色屋顶可蓄水体积、位置及结构构造以提升绿色屋顶的雨水利用效率。由于不同植物冠层截留和蒸散作用不同，可影响绿色屋顶的径流滞蓄效果，较高生物量和蒸散量的植被作为绿色屋顶植被层对雨水滞蓄能力更强。植被层可以有效拦截雨水径流，净化水质，基质层则可以有效吸纳溢流雨水，基质层的材料选择与厚度影响绿色屋顶的雨水利用效率。基质层厚度的增加和基质层材料的改进都能有效提高粗放式绿色屋顶对雨水径流的滞蓄能力，增加物理性质较好的基质材料的厚度可以保证屋顶保水、滞水、蓄水能力，同时不对结构等带来负面影响（表3–5）。建筑周边环境与屋顶形态不同，所采用的雨水利用模式不同，不同模式因地制宜、优势互补，才能有效控制雨水，增强雨水利用效率。

各种种植基质层类型的对比分析　　**表 3-5**

种植基质层类型	特点	优势	劣势
天然土壤	一种天然的多孔材料	取材方便，价格实惠，肥力相对持久	湿度大，孔隙率不稳定，易流失收缩，携带杂草害虫
改良土	田园土、排水材料、轻质骨料和肥料混合而成	荷载较轻、持水量大、通气排水性好、营养适中、清洁无毒、材料来源广	结构稳定性差、有机物随水流失后，土壤体积变化大
超轻量基质	由表面覆盖层、栽植育成层和排水保水层构成	荷载较轻，持水量大、通气性好、营养丰富、清洁无毒、材料来源广	结构稳定性差

以蓝色为主的屋顶适用范围较少，对城市中“闲置”屋顶增设储水空间，蓄存屋顶雨水径流，调节雨水径流峰值量与出现时间，其雨水利用受限速器截面设计与限速器调节范围限制，以技术改进为主，效果单一缺乏直观影响。由于限流孔过大，对延缓雨水下渗的作用较弱；限流孔过小，则易发生堵塞，根据当地气候降雨现状，合理计算设计限流孔截面形状及大小，可以有效调节雨水径流蓄存与排出速度，减轻洪峰时雨水管道的瞬时压力。使用限流设施的屋顶浅水池其所能储存雨水的体积取决于屋顶的形式、构造以及屋面荷载，加强建筑及其屋顶所能承担的荷载量，并采用防渗防漏等技术工艺，可以延缓屋顶雨水的排放过程和对雨水的短暂储存。《建筑给水排水设计标准》GB 50015—2019中指出屋顶荷载在必要时应按积水的可能深度确定屋顶活荷载。在既有屋面安装调蓄雨水设施时，不得超过现有屋顶结构负荷能力。当雨水调蓄相关荷载大于现有屋顶结构的容量时，应仔细计算并对原有结构进行加固以承载预计的水负荷。

建筑表皮垂直绿化的雨水利用效率取决于其植被选择、种植方式选择以及集流方式选择，墙体垂直绿化首先应评估气候环境、阳光照射、植物生长条件、植物特点、功能需求、建筑结构、投资规模及墙体材质等因素，确定墙体是否适合垂直绿化，在确定可行性后选定植物品种、种植方式、灌溉和养护等内容，有针对性地墙面绿化才能发挥生态效应。垂直绿化后期的维护与管理不仅要确保安全性，还应注意采用对当地气候适应性良好的植被所需基质、荷载轻、肥力足、透气性良好的基质吸收雨水，基质在雨水传输过程中性能会降低，基质定期更换十分重要。整合墙体与屋顶排水系统，将平面的浇灌系统和墙体种植系统复合在一层高强度载体上，形成一个立体循环的建筑种植系统会大大改变建筑立面效果，协调好植物与建筑及其雨水循环系统之间的关系，能够为建筑创造一种全新的可能。

建筑场地保持土地原有肌理和径流方向，建筑排水系统中增加雨水循环利用的可能，利用雨水改善土壤、微气候、地下水状况，滋养动植物和服务人类生产生活。当前雨水利用大多通过雨水收集、储存、净化后回补自然，并未试图通过建筑屋顶、墙体、内部空间利用收集净化的雨水，用于供应建筑非饮用水区域，或通过重构雨水的供排系统和设施实现雨水的浇灌、清洁、生活杂用、卫生设备的冲洗，抑或为建筑与植被的融合创造供水条件。要实现城镇生态良性循环和建筑绿色持续健康发展必须明确城镇建筑营建活动如何使雨水资源高效循环利用。通过增加建筑屋顶、墙体、地面等要素的雨水收集净化功能，可以提高雨水资源利用效果。相关雨水利用建筑的理论和技术从单纯防止雨水侵蚀，到整合雨水、建筑及周围用水系统之间的关系去满足生活、生产和生态需要，创造更生态、美好的城镇风貌、并为城镇雨洪灾害防控创造缓冲时间与空间。

未来建筑雨水收集-净化-利用-排除应基于定性、定量、定质描述区域降水的时空分布规律，建筑功能、空间组织、水系统的完善、构配件的重组实现建筑中雨水自上而下、自外而里收集净化过程，实现对雨水资源动态响应、实时调整、高效利用，雨水资源在本地循环利用为城镇生产、生活、生态创造最大效益。

建筑雨水系统中屋顶排放、地面收集排放、雨水回用等系统模块以建筑形体的功能表皮为依托，其组织规律、原则和策略成为研究的重点（表3-6）。建筑作为城市雨水循环系统的起点，其表皮雨水收集利用和处理在源头消纳雨水，控制面源污染，以雨水为主导因素的建筑表皮形式设计可形成新的建筑立面立体效果。

建筑表皮回应雨水策略的演变　　表 3-6

时期	特点	案例	回应雨水的策略
原始社会	借自然环境中有利的地形地物创造空间	树屋、山洞	利用简单方式、密实材料防水排水
封建社会	通过对建筑形态、材料、构件的改良与再组织创造空间	合院住宅	依靠建筑坡屋顶构造防水、排水
工业文明	框架结构的方盒子	西方古典建筑，柯布西耶等的现代建筑	新的防水材料、构造创造新的雨水汇集和排除方式
信息社会	以更小更轻的材料和构件满足建筑动态、生态、绿色的要求	地球生命中心、扎哈等的建筑	收集利用雨水的表皮系统

3.2 建筑雨水循环系统的组织

3.2.1 建筑雨水循环系统建构的目标

建筑雨水循环系统构建以再造城市自然人工和谐共处环境为基本目标，以雨水循环为纽带协调各建筑要素，谋求建筑结构、功能形态、雨水资源等最佳耦合方式，具体而言应实现以下目标：

城市层面建筑雨水循环系统的构建应基于各区域水平衡策略，发挥城市规划控制引领作用，以便在后续建设程序中落实。建筑雨水利用系统为城市拓展绿地空间提供资源支撑，广泛依托建筑屋顶、墙体、场地的绿地斑块会影响城市绿地格局。建筑雨水利用、海绵城市与城市排水系统改变了雨水循环过程，统筹雨水滞留、净化、利用、蓄积和排除过程，不仅补充地下水资源，还完善城市可持续的水循环过程，提升城市生态系统的自然修复能力，也可以最大化创造城市的经济价值，实现城市发展与自然和谐共处。

建筑雨水循环系统以化零为整的方式延缓雨水峰值到来的时间，降低峰值高度，为城市洪涝灾害的疏解创造条件和时间，确保了城市安全。建筑雨水循环系统在城市层面统筹建设的目标是提升城市建设质量，增强城市承灾韧性，维护城市水生态环境的基本安全。不同地区的城市需要结合自身条件和特点，统筹考虑诸如多年降雨规律、城市自然地理条件，水文及水资源特征等，合理制定建筑雨水循环系统建设目标和明确选用适合条件的模式，将建筑雨水循环系统与广场、绿地、湿地、道路雨水调蓄设施等组合协调，最终达到城市雨水调度的最优解决方案。城市管理者应结合城市总体规划统筹城市不同区域层级雨水循环协调建设的目标及其之间的关系，建立控制原则与各项指标，保证相关技术的落实到位。建筑雨水循环系统应统筹规划设计、施工及运营的协调一致，确保雨水循环系统总目标的实现。

3.2.2 建筑雨水循环系统联动关系分析

建筑表皮中位置较高的屋面、墙体、建筑雨水储水设施雨水是城市雨水收集循环系统的第一个环节，道路、广场和景观铺装等地面汇水面是雨水收集和储存第二个环节，城市绿地、湿地及景观水体是雨水循环系统的第三个环节，三个环节在雨水循环利用中承担从系统收集、处理、利用、蓄积到回补地下水一系列功能，最终实现将雨水变废为宝，减缓城市雨洪灾害发生，在将收集的雨水回用之后，可以降低地下水的过度开采，对改善城市水文和生态环境具有广泛的意义。雨水收集位置较多，利用形式也多种多样，建筑、道路和湖泊都可以作为收集雨水的承载体，建立渗水式路面室外硬质场地采用透水材料铺装，都是雨水收集行之有效的方式方法，都可以达到增加雨水收集量的目的。

屋面雨水水量大，水质好且位置高，可依赖重力分配到适合位置，单体建筑屋面分散收集雨水，就地利用或净化、处理、储存，可为小区公共空间二次利用，也可以透过小区内管网和渗水面进入土壤，改善水文环境。屋面多余雨水经过小区内管网收集进入城市污水管网，通过城市污水处理厂等设施处理达到一定水质要求后，再作为冲洗用水和浇灌用水。丹麦屋面雨水收集用作中水，每年收集水量占居民冲厕等用水量的68%，占居民用水总量的22%。

地面雨水水质较屋面差，雨水借硬化地面的排水坡度汇集至雨水收集口，进入雨水管网汇合收集，一部分通过渗水地面回渗地下；另一部分路面、广场以及停车场收集的雨水虽可以中水回用，但由于地面雨水杂质较多，污染较大，处理工艺复杂，利用范围较屋顶雨水小。城市的雨污分流管网系统对雨水单独处理，较合流系统中生活污水、工业废水等杂质水合并处理数量少，方法较简单，多以物理法为主，鲜有化学法及组合处理法。雨水经格栅去除杂物后经滤池进入沉淀池，可以生物方式进行净化。

城市道路、广场收集的雨水其水质较差，需根据雨水水质和回用目的来确定处理工艺流程，用于普通杂用的雨水处理工艺比较简便、实用，优先考虑混凝、沉淀、过滤等物理方法，以低成本满足使用性质要求。当自然沉淀时间超过1h30min后，雨水中的*COD*去除率可以达到三成以上；混凝在减少沉淀时间的同时对*COD*及*SS*的去除率远远高于自然沉淀，混凝会导致处理雨水的成本较高，故足够停留时间的自然沉淀对空间条件许可的场地是有效、可首选的处理工艺。屋顶雨水收集后，其主要会用于城市普通生产生活方面，如家庭冲厕、洗衣洗车和企事业单位生产线的冷却循环。

雨水经场地内预处理进入城市雨水管网之后，二次处理达到符合相关回用杂质水标准后，再次进入城市雨水回用系统，城市雨水循环系统需考虑城市雨水径流、雨洪峰值以及生态水文等状况，将建筑屋面、墙体雨水收集利用系统、场地雨水循环利用系统在城市层面进行整合，用于城市道路冲洗、绿化工程浇溉以及公厕冲洗等。雨水从建筑、区域、城市多层面系统地收集、储存以及利用，渗透、回补地下及地表水，维护并改善地区与城市自然原有水循环系统。

城市种植屋面、墙体绿化、场地植被可通过蒸腾作用来弥补城市范围道路、建筑、广场等硬质不透水表面简单排放雨水，缺乏水分蒸发功能对城市温湿度带来的影响，城市建筑雨水循环系统的完善不仅增加雨水的存留，增强雨水的回收利用，同时还可以将蓄储的水回返地下，改善城市小气候及整体的水文及水资源环境，最终实现城市与自然和谐共处。

雨水通过管网汇聚收集后，直接作为对水质要求不高低标准杂用水、绿化景观用水和工业冷却循环用水等。不同地区的城市气候差异巨大，即使同一个城市降雨量也不尽相同，不稳定雨水与其他稳定水源配合，发挥雨水水量大，成分简单的特点，快速有效的收集至处理设施内，作为杂用水再利用的经济性较好。

而利用技术手段和各类渗透设施设备将雨水渗入回灌至地层内，补充过度开采的地下水，遏制城市热岛效应，改善气候水文环境，补充地下水资源，改善地方生态及水文环境。土壤含水量增加为城市生境的改善提供了良好的基础，对我国降雨量少且分布不均城市回补地下水，利用雨水的人工净化设施和土壤的自净能力，使净化再利用更为经济。雨水循环系统的综合利用依照不同城市和地区不同的水资源形态和降雨等具体条件，根据集水面特点灵活布置利用设施与利用方式，以适宜技术创造更大的社会、经济和生态价值。

3.2.3 建筑雨水循环系统基本构架的建立

建筑是城市雨水微循环过程破坏的诱因，构建集雨水收集、传输、调控、渗透、储存、回用于一体的“雨水循环系统”，建立新的城市建筑雨水循环系统是对以往单一排水系统的巨大改善。城市雨水从以快速排出为目标转向以综合利用为目标，配合终端处理技术，使雨水资源被更好利用。建筑雨水循环系统应与环境相协调，人员集中区域的场地雨水处理设施在保证安全的前提下，衡量气候、降雨和总体规划等优缺点及适用条件，与场地景观设施、雨水管网设施结合，实现城市自然人工环境、人-社会-生态、技术和美学最佳组合。城镇建筑雨水循环系统将雨水资源系统利用，不仅解决城市防洪排涝，还可综合解决多种城市问题。

针对不透水铺装阻断地下、地面与空气之间水汽循环通道，进而产生地下水补充困难、地面沉降塌陷、地下水漏斗区和雨水储存净化，回补地下的功能丧失，地表水系的污染、生态环境恶化范围不断扩大，地表径流洪峰增大、时间延长，城市洪涝灾害频发，雨水排放过程中土壤净化吸收作用缺失等问题，城市建筑雨水循环系统应具备“雨水渗透”“储存回用”“蓄滞调峰”“渗透排放”和“雨水净化”等几个主要功能。

雨水循环利用系统应由集流、径流、渗流、储流、蓄流和净流六个子系统要素的构建，来满足恢复雨水循环过程中所需要的“雨水渗透”“储存回用”“雨水调峰”“新型雨水排放”和“雨水净化”五大功能。即：集流系统通过场地、建筑屋顶等构件满足雨水收集功能；径流系统采用植被浅沟、卵石明沟及渗排一体式排水管道满足雨水渗透、排放功能；渗流系统通过雨水花园、屋顶花园、立体垂直绿化、渗透井等渗透设施满足雨水渗透和回用功能；储流、蓄流系统通过雨水樽、雨水罐等蓄流设施满足雨水储存回用和雨水调峰功能；净流系统通过人工湿地、稳定塘等净流设施满足雨水渗透、雨水储存回用、雨水调峰和雨水净化多重功能（图3-6）。

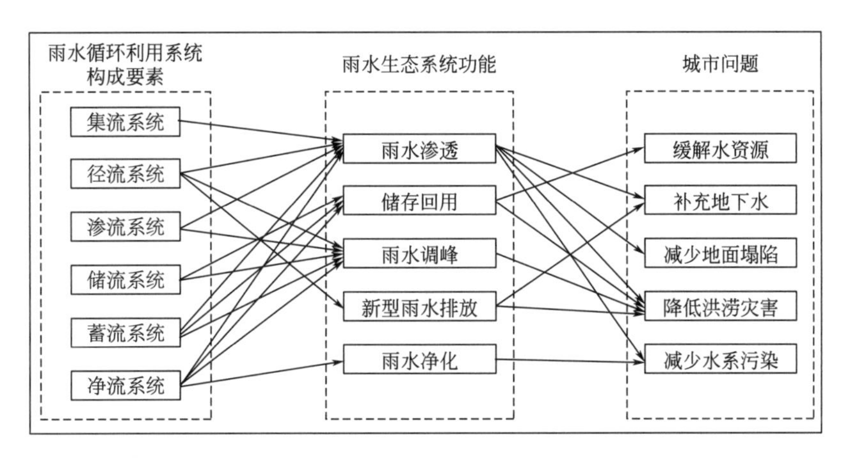

图3-6 雨水循环利用系统功能构成及其与城市问题关系图

城市建筑雨水循环系统中集流系统、径流系统、渗流系统、储流系统、蓄流系统和净流系统各个子系统所承担的主要作用不同（图3-7），集流系统将屋面、铺装、植被和水体四种集雨面上降落的雨水汇集起来，强化屋顶花园、凹式绿地湿地、水体的引入不仅收集雨水，同时还进一步拓展循环联系的路径；径流系统将集雨面汇集起来的雨水通过排水管线、垂直绿地，植被浅沟、卵石明沟等径流设施进行渗透与输送，汇集后输送雨水至雨水花园、渗透管沟、渗滤井、回灌井等渗流系统入渗补充地下水和蓄滞雨水，同时通过雨水樽、雨水储存池等蓄流系统将雨水储存起来以供冲厕、洗车、灌溉等雨水回用，亦可增加容量较大的池塘、人工湖面等将暴雨径流量蓄存起来延迟排放，实现雨洪削峰、错峰。此外人工湿地、稳定塘、土地处理等净流系统可实现对雨水进行净化。

建筑屋顶汇水区为避开通风、下水、空调等设备机房及检修空间，可以将雨水蓄积区位置提高集中布置，结合抗旱、成活率高、短根系的草本植物过滤净化雨水，雨水经吸收过滤后进入雨落管及雨水桶，进而形成雨水雕塑，进入景观水系水池，其余则通过透水铺

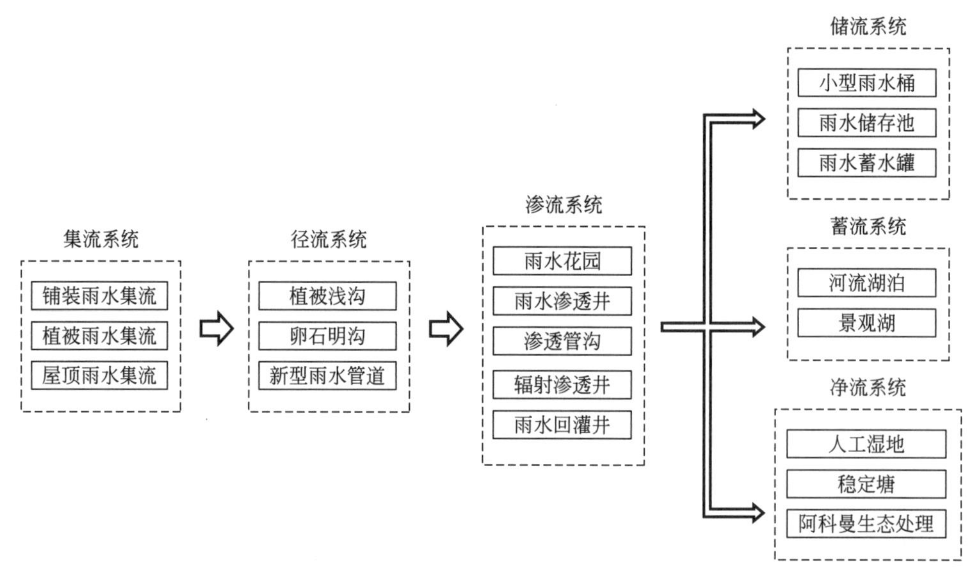

图 3-7 雨水循环系统构架图

装、植草沟、阶梯式植被缓冲带、下凹广场、下凹式绿地、带状湿地、生态湿塘等一系列场地景观要素实现补充地表和地下水，改善空气湿度和自然生态水系，促进雨水系统与土壤、植物等共同构成的场地微生态循环系统连通状态。

3.3 场地雨水景观系统的重构

场地雨水景观系统的构建根据地区降水与地形特点，确定洪水的范围、水深、强度、流速，针对城市各地块原有降水平衡状况，预评估场地雨洪风险对财产、建筑物、人、环境、文化资产造成的潜在损失及损坏可能性，并进一步分析潜在的风险、危害与损害可能性之间的关系，以此为基础建立场地雨水景观系统设计要点以确保场地雨水平衡。对于建筑密度在50%左右的场地，一半的土地被建筑覆盖，利用建筑屋顶蓄存雨水，可以为二次利用和缓释进入大气、地下创造条件。场地雨水景观系统将场地景观空间（屋顶、空中庭院、墙体绿化、首层架空、庭院）、生态小系统（水、土壤、植被、动物、微生物）、雨水循环系统（建筑各高度蓄水池、雨水管道、沟渠、湿地、地表植被、土壤、地下水、空气、排水管网）诸要素依据其雨水运行过程所处空间位置，重塑景观要素的审美、生态和使用功能，通过建筑屋顶及各层雨水蓄存空间为屋顶、墙体、空中庭院绿化提供稳定的灌溉用水，将原本快速排出的雨水经植物、土壤的自然过滤、水质净化、分步利用，实现雨水排放量的有效控制，促进地块的水平衡。

场地雨水景观系统雨水设计是通过建立双层排水管网模型（GIS二维地形模型与地下排水管网模型），将地下排水管网的检查井、雨水口、道路、径流等的位置数据信息与建筑、地形、绿化的坡度、倾斜方向、面积、渗透性等信息加以整合，利用低洼地、排水沟、蓄水型生态滤池、雨水蓄池等景观要素蓄存、净化雨水。场地雨水循环过程模型明确用地边界范围内年均降水总量、降水量时间分布特点，场地雨水景观系统可消纳地块百年一遇降水，场地水平衡状态改变不超过原有水资源平衡状态的10%～15%，并根据不同位置雨水水量及在下垫面不同位置及高度的分布情况确定雨水储存空间容量。绿地缓坡地形有利于雨水就地下渗和过量雨水有组织排蓄①，通过提高水头高度实现雨水经土壤渗透自然净化，一般情况土壤吸收水分的深度为20cm，将土壤沉陷可能限定在有限范围内，最大限度减少地质灾害风险。经屋顶花园土壤和植被过滤净化的水质较好的雨水贮存在屋顶和分区楼层水箱中，在城市雨洪发生地表水源受到污染时可以保障生命安全。充分拉长雨水利用过程链，拓展雨水利用空间，达到增加雨水释放渠道，分散雨水排出的时间，实现场地雨水平衡。地表水系作为屋顶及地面多余雨水的释压区，可用于消防，场地绿化浇灌、补充地下水、改善场地空气湿度。场地表面截留蓄存的雨水能够减少对城市雨水管网的压力，在强降水结束后缓慢进入只能排放1～3年一遇雨水的雨水管网中，降低了区域洪涝的风险与峰值，为城市雨水就地消纳面积从2020年20%提升到2030年80%创造条件。屋顶花园、空中庭院、地面绿地、沟渠湿地等作为场地景观系统的基本构成要素依托雨水利用系统的升级，从排除暴雨初期的高污染雨水到降水主峰值前后收集蓄存雨水，直至完全排除至蓄满雨水缓释池塘，以此确保场地雨水景观设施正常运行。

场地雨水景观系统将建筑雨水人工收集与场地雨水自然吸收渗透相配合，构建保持水资源原有平衡状态的多功能土地利用方案和景观中调蓄、利用、滞留、下渗雨水以减少径流，保持场地水生态和化学状况良好的技术解决方案，达到场地范围的雨水平衡这一刚性要求②，提升城市水韧性。

3.3.1 场地雨水景观系统各构成要素及其相互关系

建筑场地雨水景观是在场地范围满足休闲与生活需要的人工和自然环境，自然环境包括水体、植被（土壤）、地形地貌等要素，人工环境包括建筑、小品、道路与广场等。场地雨水景观是基于地域气候、场地条件等因素对自然水文过程的重整，对因建筑和硬化铺装覆盖的场地的雨水径流量、水质依据自然水文原理重新分配，收集再利用雨水，恢复其回补地下水修复生态的功能。雨水景观系统中各要素之间应相辅相成和相得益彰，实现雨水资源利用最大化和景观观赏性最佳。

场地自然湖泊、池塘、小溪、湿地、人工水池、喷泉等水体具有观赏、娱乐、灌溉绿地等多重功能，良好的生态循环可以降低水体富营养化，水体污染等问题，实现滞留和净化雨水、改善水质、进行雨洪管理。人工湖近自然生态系统的再造可利用生物过程处理地表雨水中的污染物，同时维持水体良好景观效果。湿地植物、湖泊生物滤床、湿地预处理设施、曝气装置、雨水蓄积等技术和措施，可实现相当好的水质效果。湿地植物或者种有

① 目前绿化及物业用水以每户10多元/月分摊给住户，其中，绿化灌溉用水定额为1～3kg/m²，干旱区5kg/m²。小灌木间隔3～5d浇灌一次。

② 我国正处于城市规划转型期，城市水文系统管理发生巨大变革，基于降水、蒸发与地表渗透数据建立的长历时数学模型，对制定城市径流、地下水补给和蒸发量分配方案，发挥了越来越大的作用。

植物的滤池安装在所有雨水进入湖泊的位置处可视为预处理装置，可以很好地提升景观系统的使用效果。

地形地貌决定雨水径流的汇流方向和路径，影响雨水基础设施的布局，地形下凹处的下沉式绿地滞留雨水，与植被浅沟、生物滞留池、植被过滤带等类似，其在景观结构中功能的实现依靠其形态、材料和构造，对于旱地区蓄水、节水、滞洪作用较明显，应因地制宜地合理使用。

植被是水文过程中的重要参与者，植被截留雨水、净化环境和蒸腾等作用是通过植被根系与土壤之间的生物、物理、化学等作用净化雨水径流，防止雨水径流的侵蚀和冲刷，植被的叶片等部位截留雨水，减缓雨水径流速率，对缓解城市热岛效应，改善空气质量，帮助建筑物节约能源，调控雨洪作用明显。

雨水径流下渗、过滤与净化与土壤的类型和理化性质（土壤成分、土壤结构、土壤密实度、土壤含水度和表面植被等）息息相关。美国国家自然资源保护局曾将土地土壤类型按渗透率划分为四组，根据土壤特性采用不同雨水基础设施，从而为其雨洪管理BMP措施决策提供参考。

场地雨水景观可充分利用场地布局的特征，通过落水管截断、周边绿地改造、屋面材料更换等措施截留和收集雨水，并构建与中水系统等结合的雨水循环利用系统，实现场地建筑水资源的循环利用。场地雨水景观系统增加集水空间调剂雨水年内的循环，在提升城市水韧性的同时，也改善了场地景观的视觉、使用和经济效果。

3.3.2 场地雨水景观系统雨水循环的目标和方式

（1）最大程度减少雨水径流的污染物

场地中建筑、道路、广场、绿地、水系等在雨水径流产生与传输的过程中受到一定程度的污染，为避免整个流域水系的恶化，建筑屋面和道路等汇聚雨水，其主要污染物有*COD*、悬浮性固体*SS*、氨氮、*TP*等，污染程度受到材料、路面活动情况、大气质量等影响，路面雨水比屋面雨水污染严重，初期雨水污染情况较严重，后期雨水水质较好。雨水径流污染防治应从政策、技术规范到设计实践等方面利用雨水景观系统，最大程度地减少雨水径流的污染。

（2）对雨水径流总量、峰值流量和速率的控制

城市雨洪问题因地势、雨水管线尺寸、极端天气、城市不透水地表等多方面因素的影响叠加，造成雨水径流的迅速积累转移，超过了雨水管网的承受能力是一个重要的原因，场地雨水景观系统化整为零控制雨水径流总量、削减雨水径流峰值和速度，减轻雨水管网的负荷，成为城市年径流总量控制率目标实现的前提。

（3）雨水资源化的利用

场地雨水景观系统中绿地、景观水系等会消耗大量水资源，利用雨水渗透补充地下水提高地下水位，用于景观用水，减少对自来水的依赖，减轻对城市排水管网压力，雨污分流减轻污水处理的压力；雨水资源化利用于工农业用水和生活用水以及景观用水，为城市

提供新的供给水源，缓解水资源供需矛盾，为供水结构优化、水供给增加、缓解水供给和水需求之间的矛盾和减少水污染、保障水生态安全具有重要意义。

场地雨水景观系统各要素之间进行有机整合是景观自身功能与其他功能实现的基础。美国宾夕法尼亚州立大学教授Stuart Echols认为与景观系统结合的雨水基础设施应该具有五大目标，即教育、娱乐、安全、公共关系和美学，这些目标也基本满足人们日常生活中对场地景观的日常功能性需要，如美学满足人们日常的观赏需求，激发人们的使用兴趣，提高公众对雨水利用、雨洪管理的认知。

（4）增加汇集、蓄存、利用雨水的空间，确保场地原有水平衡

场地雨水景观系统有预见性地化整为零调配雨水在建筑屋顶花园（图3-8）、空中庭院（图3-9）、露台、阳台、墙体和下沉庭院（图3-10、图3-11）等景观空间的使用、存蓄、排放时间空间，将暴雨期住区道路、广场、停车场等区域汇集的雨水在旱季缓释进入空气、土壤。场地雨水景观系统通过重塑景观要素的位置关系和设计策略在确保场地原有

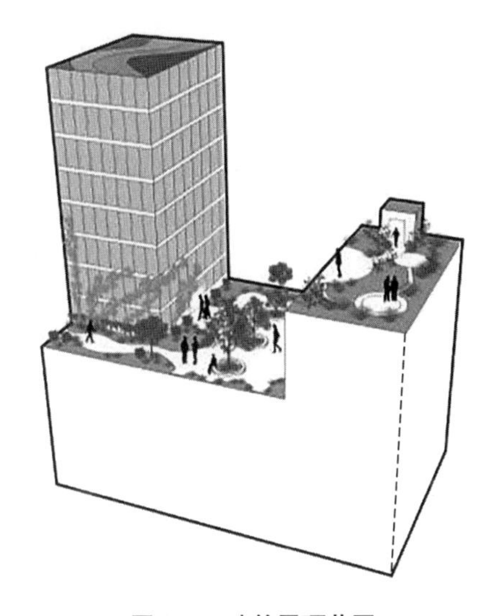

图3-8　建筑屋顶花园

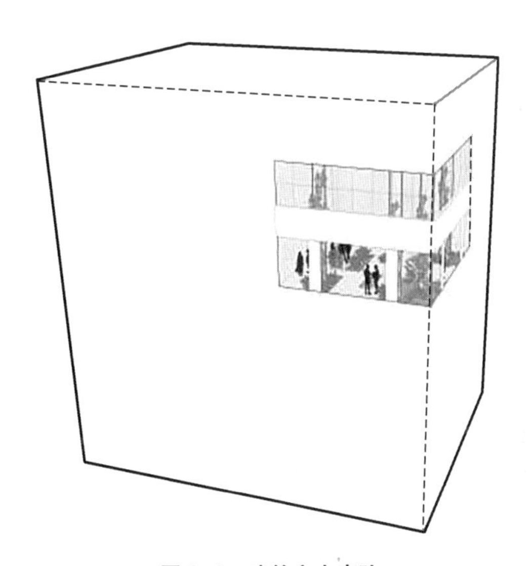

图3-9　建筑空中庭院

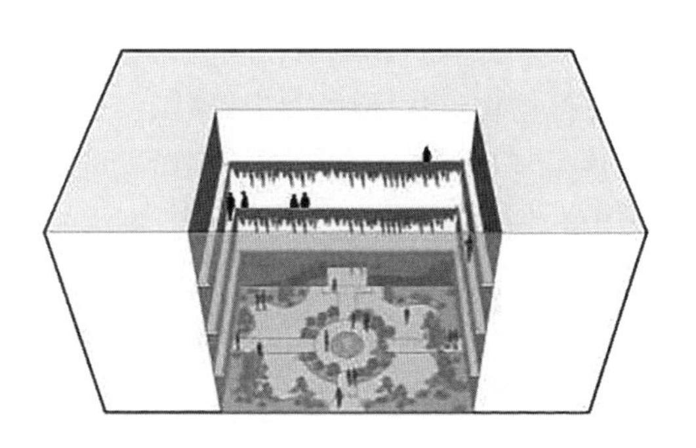

图3-10　建筑墙体绿化

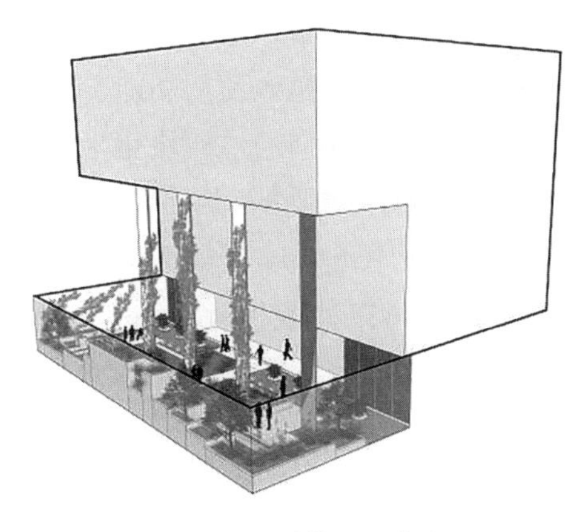

图3-11　建筑下沉庭院

水平衡的基础上，全面提升雨水在独立防灾空间单元中就地消纳、高效利用的能力，从而完善城市多层级的雨水系统的韧性，减少城市灾害的损失和灾后恢复速度。以建筑屋顶弥补建筑基底占用的场地对雨水平衡状况的影响，为保持场地原有水平衡状态创造空间基础。将屋顶汇集的雨水储存于各层水箱，利用其势能对建筑墙体、空中庭院的绿化进行灌溉，提高场地旱季入渗量恢复雨水自然循环过程中蒸发与入渗之间平衡关系。根据蓄存雨水量确定屋顶、空中庭院及立体绿化的方式，可以通过灌溉系统的设计维持建筑绿化的自主生存能力。建筑墙体绿化在确保自身结构和周边环境安全的基础上，不影响建筑采光、通风。在建筑低层外窗台处种植悬垂型植物于种植槽中，北向墙面种植喜阴植物，利用雨水系统收集雨水养护植物，可增加空气湿度，使雨水进入大气循环，起到美化建筑、兼顾室内外观赏效果的同时，减少雨水中灰尘污染墙面的作用。

场地雨水景观系统建构标准是在场地空间单元内依据国务院办公厅“关于推进海绵城市建设的指导意见”中城市70%的降水就地消纳和利用，2020年城市建成区20%以上的面积达到目标要求；到2030年城市建成区的80%以上的面积雨水年径流总量控制率达到刚性要求指标[①]的要求，通过“源头收集”“多点利用”“慢排缓释”，将建筑屋顶花园收集、净化、蓄滞的雨水在地块内自行消纳量控制在降水总量的85%以上，从而实现城市雨水循环过程的平衡。场地雨水景观系统将建筑雨水管网由简单直排系统向蓄排用相结合的复合系统转变，通过场地景观空间的立体化拓展，使场地对百年一遇降水量产生的雨洪风险的承载力大幅度提升，从而大大提升了城市水韧性。场地雨水景观系统减少人工环境对自然物质能量循环过程的干扰，确保建筑占用的土地仍能为动植物提供生存空间，以中和人类活动释放的CO_2、热量和其他污染物，并确保雨水从地表向地下渗透的通道，从地表返回大气的路径通畅，维持住区微气候的稳定性，也有助于人类心理、行为和审美回归自然。

（5）补充场地沟渠、湿地水量，确保雨水在环境中周期性循环

场地雨水景观系统将雨水在大气、植物、土壤等环境要素中循环过程从即时、就地联系转化为可人工调控储存位置、回补方式，是在时间上自主可控的联系。以地下停车场为例，通过地下停车场上方设计绿色屋顶，侧方设计渗透沟下渗调节排除过多雨水，屋顶采用种植层、过滤层、排水层、保温层等组合构造截留蓄存雨水（图3–12、图3–13），在保持生态功能的同时，植入使用功能，降低了地下停车场的雨洪风险。空中庭院则根据其特殊的采光、通风、朝向通过模块化半固定种植池、可移动盆栽、固定花池结合，建筑墙体种植适当的攀缘、悬垂植物（图3–14、图3–15），发挥植物美化环境、创造氛围、分隔空间的作用，为居民创造全天候活动、休憩、交往、观景与自然接触的空间。场地底层花园结合地形凹地可以种植湿地、水生植物群落，利用低洼处的土壤吸水性更强，补充地下水，有效调节周期性雨水循环。

---

① 城市规划许可和项目建设的前置条件体现在施工图审查、施工许可、竣工验收各个环节。

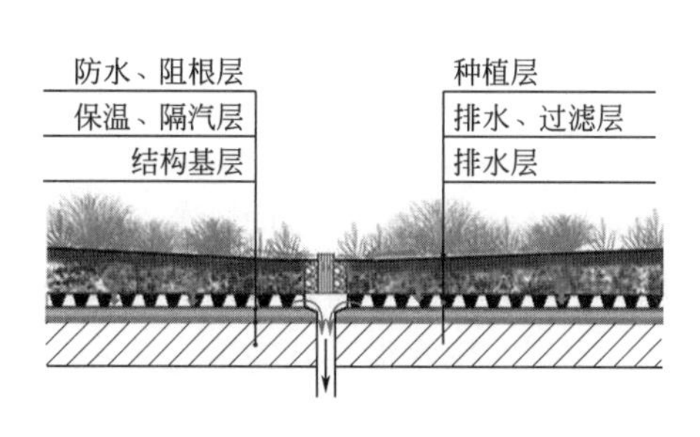

图 3-12　地下停车场屋顶蓄水池入水口构造

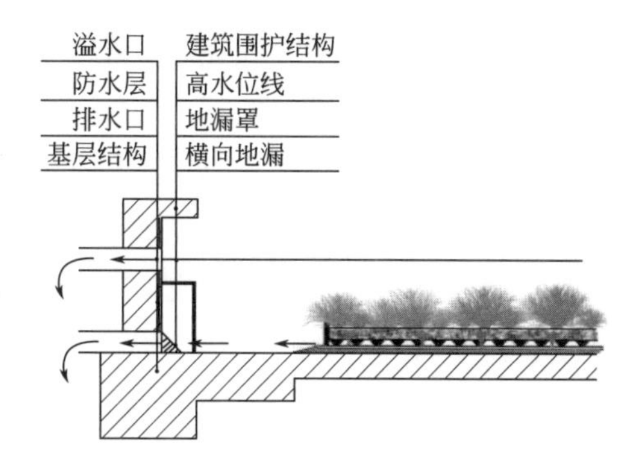

图 3-13　蓄水型建筑屋顶排水口构造

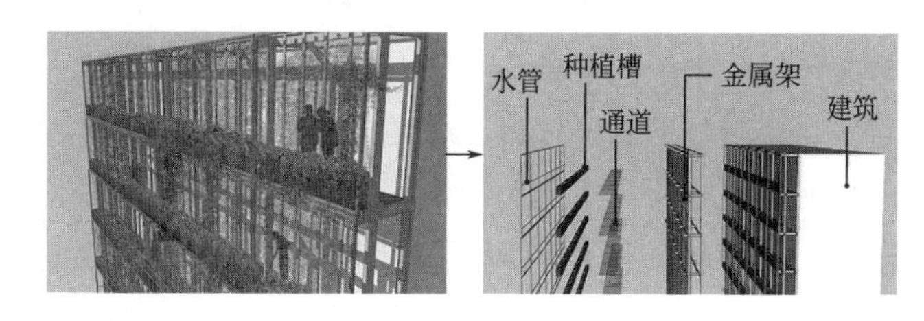

图 3-14　建筑墙体绿化结构

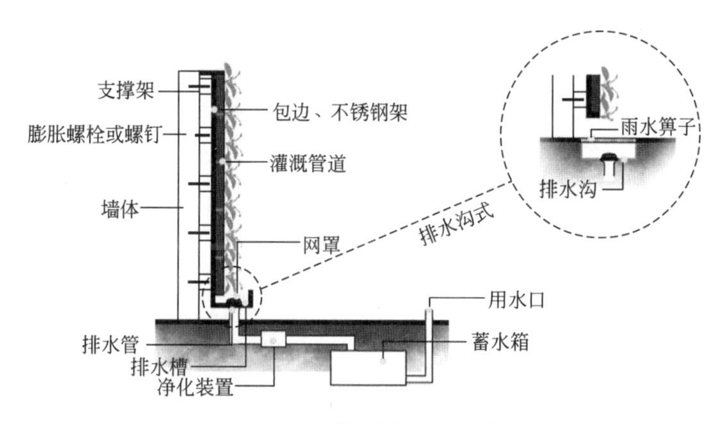

图 3-15　建筑墙体绿化构造

（6）完善景观单元的生态功能，确保生态、社会、经济综合效益

场地雨水景观系统通过重新挖掘建筑空间在雨水蓄积、利用方面的潜力，增加湿地、草沟等景观要素及雨水蒸发下渗的通道，确保以年为周期的雨水循环的平衡。裙房屋顶庭院应区分屋顶的坡向，选择适合的植被覆盖，以植物过滤雨水，避免种植物滑落造成不安全隐患，并结合物理防护、移动设施、构筑物、防洪措施保护人和建筑，以更为经济可靠的方式防御城市雨洪风险，保障城市生态系统运行。

通过重构建筑场地景观要素之间的关系，构建以雨水高效管控利用为底层架构的场地雨水景观系统，对住区建筑景观等实体要素、技术要素和管理要素的科学融合和精细化管理，能够充分发挥住区人力、物力、资金、技术和组织等方面的合力，形成功能更加多元、结构更加强健、技术更加完备、精细化和实现场地景观社会、生态、经济方面的综合效益，进一步提升城市水韧性。

场地雨水景观系统建构是以景观的生态功能作为出发点，以确保原有场地水平衡状态为标准，以完善雨水循环过程必须的景观要素为出发点，以重构景观系统中雨水高效循环过程为基点，带动景观功能从视觉、行为主导向生态、经济和可持续方向转变。从设计方法上通过将降水分布、地形数据整合进GIS模型中，以此信息平台为基础进行雨水动态分布状态监测、风险预警，提高城市运营管理的效率，实现对雨水循环状态动态预测与危险预警，从而为雨水景观系统主动应对创造技术支持。

3.3.3 不同模式场地雨水循环系统的效果比对

城镇建筑作为雨水利用基本单元主要包括雨水收集、初期雨水过滤、雨水存储、雨水净化处理、排污与回用和系统控制6个方面。对来自建筑屋顶、草坪、庭院和道路等位置的雨水分别收集处理，用于园林绿化、道路喷洒、景观补水、消防、洗车和冲厕等，并建立相互之间的联通互济关系。场地雨水循环系统适宜模式的构建应基于区域自然、社会、经济和环境的特征，根据城市气候、场地地形和土壤等特点，构建雨水利用模式。通过分析规划区的下垫面情况、经济条件、用地类型和雨水利用需求等方面的资料及各雨水利用技术的性能特点，设定出计算模型中的5个限制条件，分别为雨水利用适宜技术种类筛选、雨水利用成本投入限制条件、雨水设施占地面积限制条件、雨水设施规划密度限制条件和雨水设施功能占比限制条件，并以综合效益评价结果最大为目标函数进行模型的规划求解，以此可为规划区计算出最适宜的雨水利用技术组合及面积配比。利用雨水利用模式计算流程框架确立最佳雨水利用技术的有机组合，有助于提升雨水径流的控制效果和对雨水资源的利用效率（图3-16）。

城市雨水利用有减缓城市水资源短缺、减少城市洪灾、改善城市水环境，实现节水、水资源涵养与保护、控制城市水土流失和内涝、减缓城市排水压力等经济、生态和社会效益。与绿色屋顶相比下沉式绿地的雨水利用潜力占比最大，植被缓冲带的雨水利用潜力占比最小。生活活动区的雨水利用潜力总占比最小，生产保障区的雨水利用潜力居中，生态涵养区的雨水利用潜力总占比最大。构建适宜的城镇雨水单元基本模式，推广应用雨水利用技术，具有显著的生态、经济、社会效益。

基于场地微观小尺度基础上城市水韧性风险评估、损失管控和恢复方案制订，以低成本绿化景观技术体系实现场地雨水资源自给，通过高效协同治理与多元参与提升城市水韧性和对降水风险的长期适应性。建筑应增强自身控制能力、组织能力和适应能力以化零为整、化害为利地增强建筑吸收、利用和调控雨水的能力，进而调节雨洪汇集的时空状态，减少城市雨洪灾害的发生。建筑利用雨水既可以缓解供水压力，也可以消纳化解雨洪灾害的强度和风险，正成为建筑和景观规划设计的趋势。雨水景观系统整合空间、植被、管线和设施，实现雨水在本地自然或人工环境中高效蓄存和多层级利用，以雨水精细化管理延缓地表径流汇聚的时间和强度，降低洪涝灾害发生的可能性，从而宏观上提升城市水韧

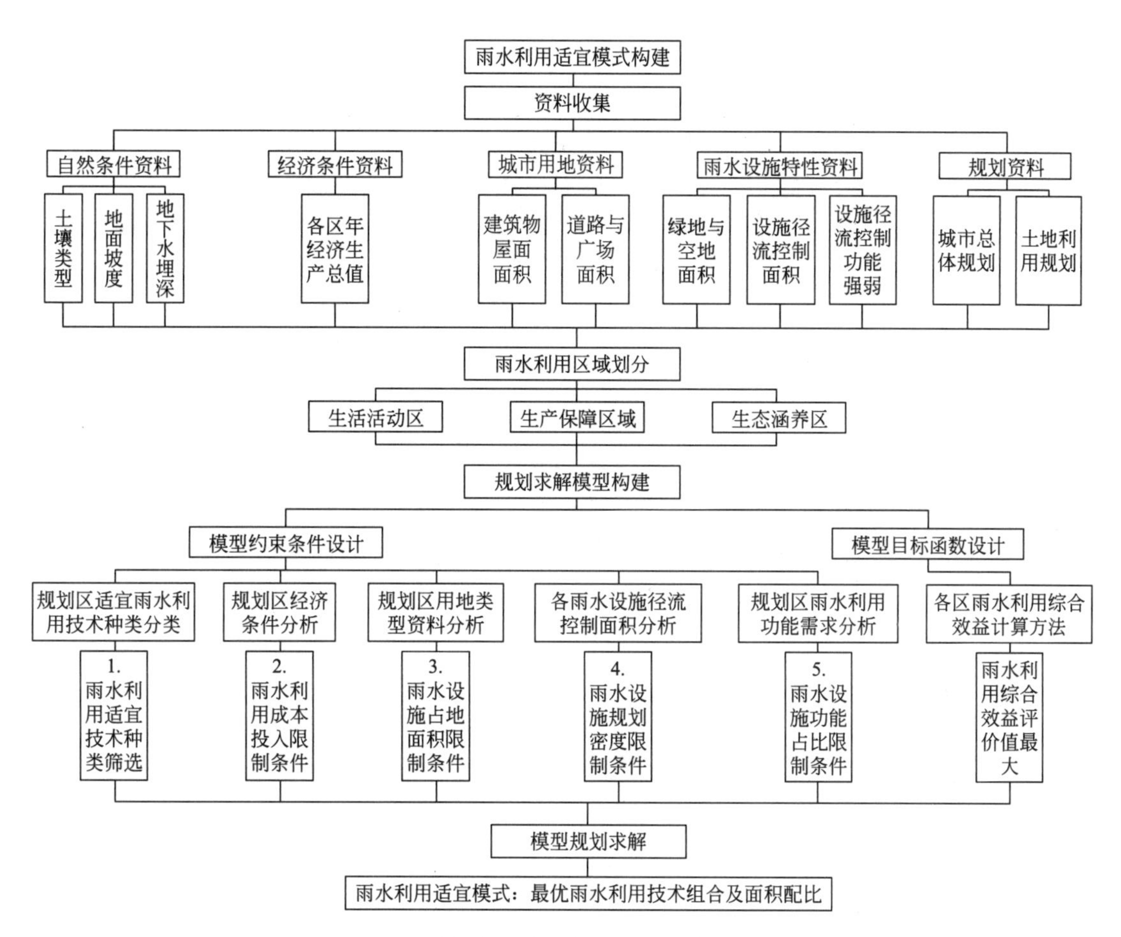

图 3-16　雨水利用适宜模式计算流程

性。建筑场地雨水景观系统在深入把握场地气候、地形、建筑特点的基础上，以科学有效的技术措施从风险预评估、设计施工、运维管理等几个方面减少雨水粗放随意的排放状态，提升建筑、庭院空间在汇水、净水和用水方面的能力，减缓雨水汇集速度，使雨水在场地中就地代谢、循环利用，有效提高城市水韧性。

第4章 西安市具有雨水利用功能建筑的现状、问题及雨水利用潜力

建筑实体、空间与雨水系统及其相互之间关系的分析对于构建具有雨水利用功能的建筑设计策略、营建方法与技术规范是关键的一步，而针对典型地区建筑雨水利用现状问题与潜力的分析则是理论向实践转化的重要一环。以西安市作为典型城市的分析试图破解西北干旱、半干旱地区建筑雨水利用的问题。

4.1 西安市雨水循环过程分析

4.1.1 西安市自然降水量、蒸发量和地表径流量之间的关系

以半干旱半湿润大陆性季风气候条件下的典型城市西安市为例，西安市位于跨渭河两岸的关中平原中部，东经107° 40′ ～ 109° 49′，北纬33° 39′ ～ 34° 44′，东至骊山，南依秦岭，西界洋河，北至渭河，辖境东西长204.0km，南北宽约101.0km，面积10752km^2，其中市区面积3582km^2。地势总体南高北低，西高东低，包含南部山地、中部黄土丘陵及沟梁相间地带、北部冲积平原，西安市城区主要位于渭河南侧二级阶地上。西安市年平均气温14.3℃，年降水量557.2mm，属暖温带半干旱半湿润大陆性季风气候，降雨量呈现年内分配不均、年际变化较大的特点，年降水量及其变化情况如图4–1、图4–2所示。1985 ～ 2018年夏季降水总量占全年降水总量的39.5%，冬季占全年降水量的3.7%，7 ～ 9月的汛期降水占全年降雨量的80%以上，易形成夏秋洪涝灾害；12月到次年2月降水稀少，易形成旱灾，月降水量分布情况如图4–3所示。

西安市多年平均降水量从东南向西北逐渐减少，降水受地形影响东南部较多，北部较少，中部相对均匀（图4–4）。依据以下公式：

$$W_1=H\times A\times 10^{-3} \tag{4–1}$$

式中 H——年平均降水量（mm）；

A——汇水面积（m^2）。

结合西安市1961 ～ 2018年降水量数据，西安市总用地面积10752km^2，可计算出西安市全年雨水总量约为6.068 × 10^{8}m^3。

西安市水面蒸发量由北向南，由平原向山区递减的趋势，年蒸发量800 ～ 1000mm，水面蒸发量年内分配冬季小、夏季大，冬季11月至翌年2月蒸发量仅占全年8.7%，夏季

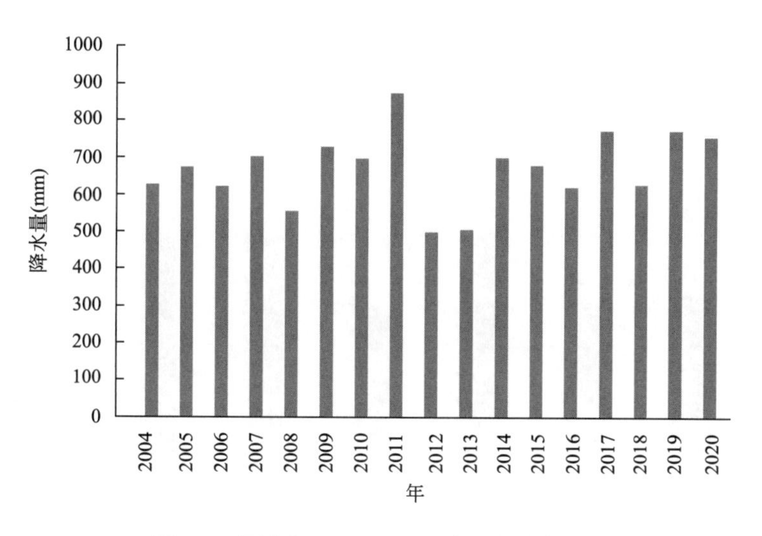

图 4-1　西安市 2004 ～ 2020 年降水量变化图

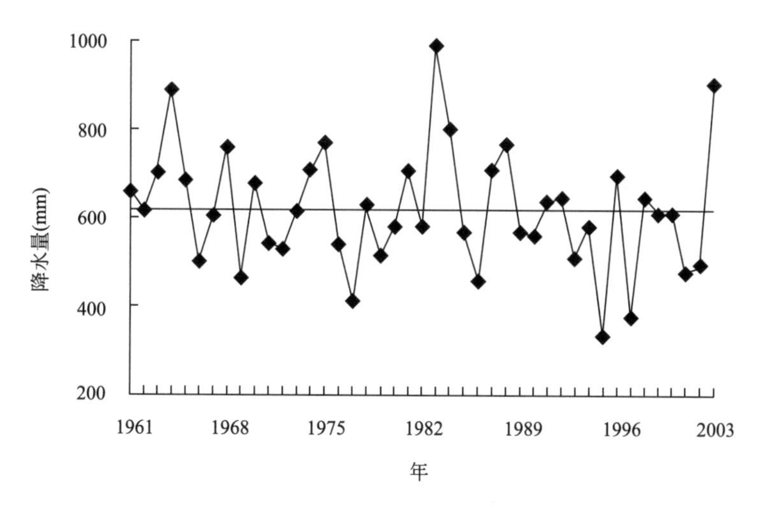

图 4-2　1961 ～ 2003 年西安市逐年降水量变化曲线图

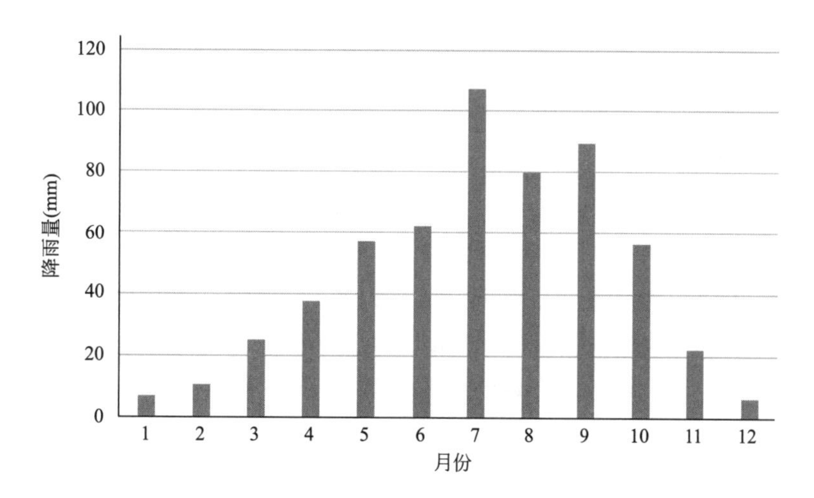

图 4-3　1985 ～ 2018 年西安市月平均降水量

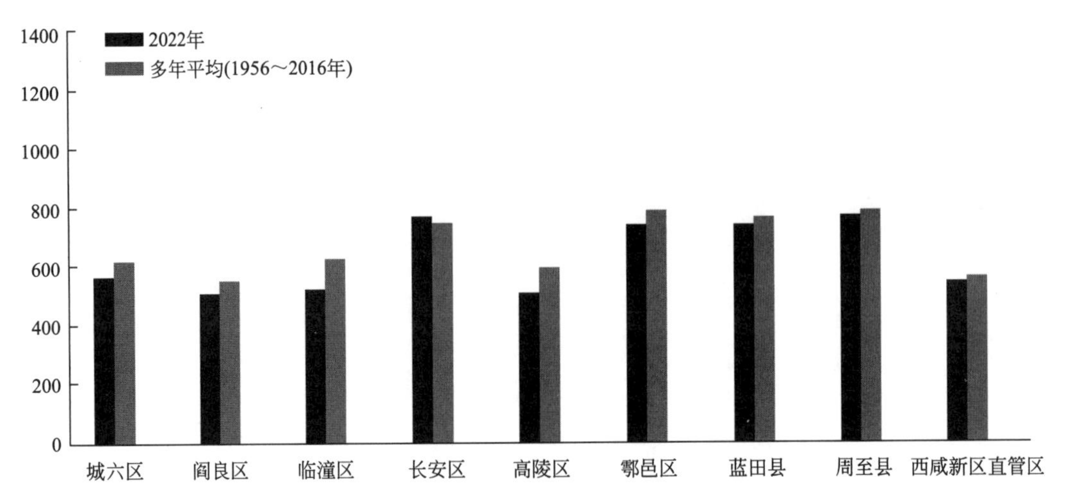

图 4-4　2022 年西安市降水量与多年平均值统计

6～8月蒸发量占全年46.5%，陆面蒸发即区域的实际蒸发量的分布趋势与水面一致，平原高于山区，浅山高于深山，平原丘陵500～600mm/a，山区400mm/a，全年陆面蒸发量50.68亿m^3。西安市湿润指数即降水量与潜在蒸发量的比值是0.62～0.83，西安市城区降水入渗量指数0.238，年度总蒸发量大于总降水量。由此可知，西安市降雨量、蒸发量与入渗量所形成的原有水平衡状态与建筑场地水平衡状况的比较（表4-1），城市中大约14.2%的雨水被排除。城市雨水系统的构建就是要确保雨水在土壤中经植物截留、蓄存、下渗的自然循环，修复城市生态和提升城市水韧性。

西安市原有水平衡状态与建筑场地区水平衡状态比较　　表 4-1

	水量	建成前	建成后
总降水量	564.39mm/a	100%	100%
蒸发量	349.9～468.4mm/a	62%～83%	62%
下渗量	366.8～395mm/a	65%～70%	23.8%
排水量	—	负值	14.2%

西安市降水经空气及下垫面水质发生变化，粉尘为其主要成分，其他污染物的种类和数量与所处位置相关。普通屋面、绿地雨水水质好于道路与广场雨水水质，道路与广场的初期径流污染程度较高。西安市径流雨水中*SS*、*COD*、NH_3-N、*TP*均超过《地表水环境质量标准》GB 3838－2002的V类标准数倍，直接排入水体会造成水环境污染，其中*COD*、*SS*、*TP*主要来源于降雨过程下垫面的污染物，NH_3-N主要来自源于大气中，同时降水开始30min以内时的雨水污染物较多，其后衰减较快，而地面上雨水污染物衰减则需更长时间，故建筑屋顶雨水具有更高的利用价值（表4-2）。

西安市初期雨水径流水质　　表 4–2

下垫面	平均*COD*（mg/L）	平均*SS*（mg/L）	平均*TP*（mg/L）
屋面、其他非城市建设用地、管理好的公园绿地等	＜100	＜150	＜0.3
居住小区、公园绿地、管理好的学校、科技园区	100 ～ 300	150 ～ 500	0.3 ～ 0.5
公共建筑、商业区、市政道路	400 ～ 800	600 ～ 1000	0.5 ～ 1.0
城中村、繁忙的市政道路、工业区、汽车修理厂等	＞800	＞1000	＞1.0

西安市年蒸发量表现为“单峰”状，其中6月蒸发量最大，达到275.5mm，1月和12月蒸发量最小，仅为33.5mm和33.6mm。1 ～ 6月间蒸发量呈逐步上升趋势，而7 ～ 12月间蒸发量呈逐步下降趋势，变化速度均比较缓慢（图4–5、图4–6）。总体而言，西安市水面蒸发量大于降水量，合理配置雨水分布对于维持生态平衡具有重要意义。

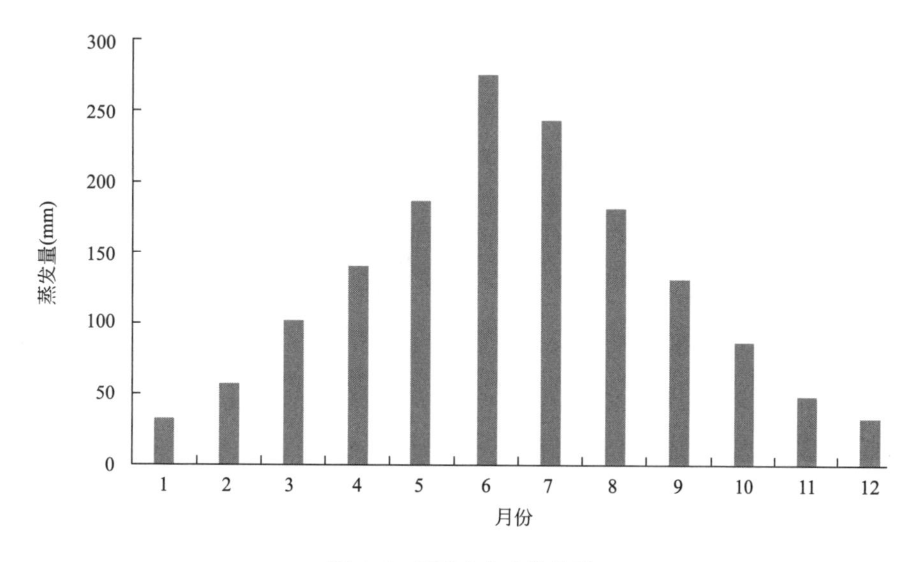

图 4–5　西安市年内蒸发量

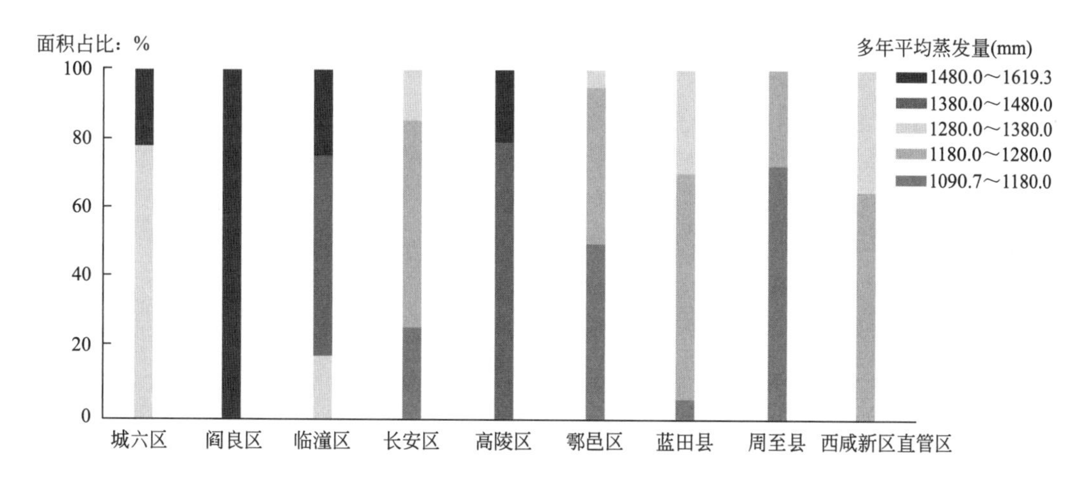

图 4–6　西安市多年平均蒸发量空间分布图

4.1.2 西安市城市下垫面对雨水循环过程的影响方式

城市下垫面分为透水区域与不透水区域，其渗透能力有所不同。随着城市化进程的不断推进，不透水面不断增加，而植被、水体、土壤等透水面不断减少，城市雨水径流增加，叠加长时间高强度降水，带来内涝风险加大。与2000年相比，2015年西安市城六区不透水地面面积比例增加了11.29%（图4–7），而裸土地、水体和植被分别减少了9.39%、0.97%和0.93%（表4–3），导致地表径流的形成和峰现时间逐渐缩短，海绵城市建设的空间和效果越来越小，必须依赖诸如屋顶蓄水、绿化等措施来降低城市内涝等灾害的风险。

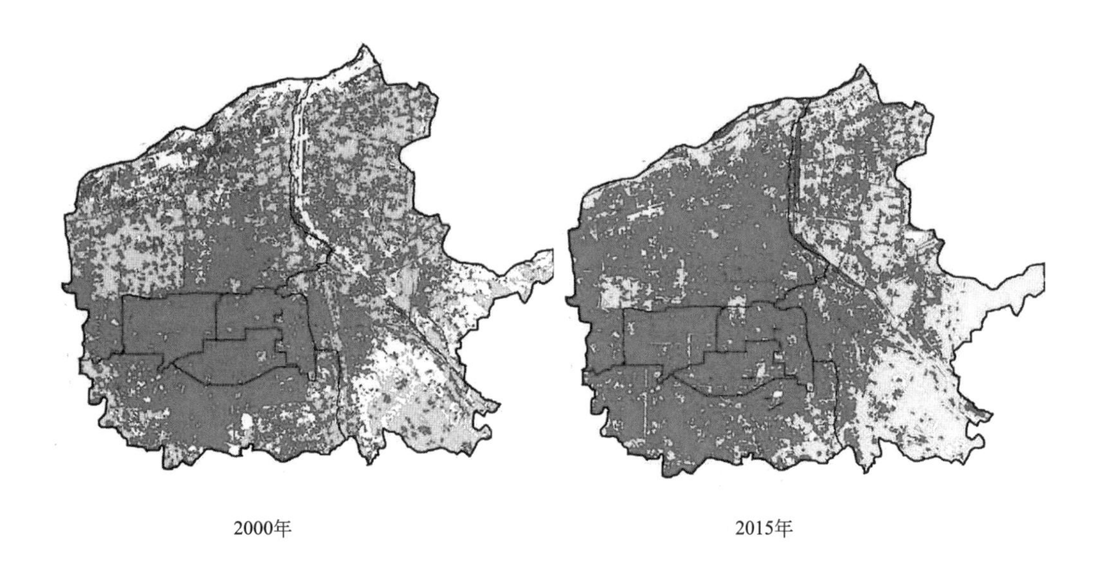

图4–7 西安市城六区不透水地面分布

2015年西安市城六区不透水地面占比由大到小为莲湖区（94.52%）＞碑林区（94.22%）＞新城区（88.49%）＞雁塔区（82.26%）＞未央区（76.20%）＞灞桥区（40.50%）。其中莲湖区、碑林区和新城区的不透水地面面积占比较大（表4–4），建筑密度增加是不透水地面面积增加的主要原因，利用建筑调节雨水循环的周期，增加集–蓄–用过程成为城市高质量发展的必然选择。

不同年份西安市城六区各地表类型所占比例（%） 表4–3

地表类型	2000年所占比例	2015年所占比例
不透水地面	53.38	64.67
裸土地	12.68	3.29
水体	2.7	1.73
植被	31.24	30.31

2015 年西安市城六区地表类型分布（%）　　表 4-4

地表类型	新城区	莲湖区	碑林区	雁塔区	未央区	灞桥区
不透水地面	88.49	94.52	94.22	82.26	76.20	40.50
裸土地	0.51	0.19	0.03	2.24	2.62	4.81
水体	2.67	0.37	0.4	0.49	6.02	2.49
植被	8.33	4.92	5.35	15.01	15.16	52.20

西安市大部分地区湿陷性黄土等级为非自重Ⅰ级，南郊和东郊多为自重Ⅱ～Ⅲ级和非自重Ⅱ级，自重性黄土比非自重性黄土遇水更容易发生湿陷崩塌。整个西安市黄土的湿陷性呈现由西向东、由北向南依次增强的趋势。以自然渗透为主的海绵城市雨水渗透设施在西安市东郊、南郊的应用或可危及建筑、人等生命财产安全，其他区域则可以采取措施来强化渗透。

西安市雨水的自然循环过程是由降水量、蒸发量和渗透量共同决定的。西安市在降雨量时空分配不均匀，年平均降水量557.2mm，降水总体上呈逐年减少的趋势，汛期集中在7～9月，易造成洪涝等自然灾害发生。随着城镇化不断推进，西安市城市不透水面积逐年增加，使得雨水的地表渗透能力进一步降低。西安市大部分土壤为湿陷性黄土，湿陷性黄土遇水易产生崩塌现象，危及建筑物及人的生命财产安全。在考虑地表渗透建设雨水回用工程时，应考虑到西安市的土壤构成，慎用雨水渗透设施，降低发生建筑物或路面发生下陷的可能性。

目前西安市雨水径流中所含污染物较多，为劣Ⅴ类水质，主要为空气和下垫面污染物，直接排放会对水体造成污染。西安市年平均蒸发量大于年平均降水量，属资源型缺水城市。总体而言，屋面与绿地水质会优于道路与广场径流水质，且道路与广场的初期径流污染程度较高，故建筑屋顶雨水的收集利用潜力很大，针对建筑屋面雨水的持续研究及其成果的推广应用，将产生巨大的社会、经济和生态价值。建筑雨水的回收利用可以有效缓解城市缺水的困境与城市内涝灾害的发生，也对同类型城市具有重要借鉴意义。

4.1.3　城镇建筑雨水循环利用系统效率提升的方向

城镇建筑雨水利用方式包括雨水直接利用、雨水间接利用与雨水综合利用三种，雨水直接利用是将雨水经过初期弃流，再通过管网汇聚收集后，直接作为低标准水源进行回用，雨水的直接利用对水质要求较低，多用于小区的杂用水、绿化景观用水和工业冷却循环用水等，作为生活用水的补充水源存在。雨水直接利用简单，快速有效地将雨水收集至处理储蓄设施内，在处理时不需设置较为复杂的工艺，但其经济效益较高，也是现阶段我国大部分地区实施开展较为广泛的一种利用类型。雨水间接利用区别于雨水直接利用，将雨水经过处理后，不作为杂用水等水源，而是通过雨水下渗设施渗入或回灌至地下，补充地下水资源，使地下水资源得到一定的涵养，从而减少城镇内涝，缓解城镇地面沉降的速度，补救过度开采地下水的恶况，遏制城市热岛效应，使城镇的生态环境得到有效改善。这样的方式对于地方的生态及水文环境都可以起到良好的改善作用。充盈的地下水也可以使得土壤的净化能力大大提高，提升城市对水污染及其他土壤污染的抗化能力，对于一些降雨量少而且降雨分布不均匀的特殊地区更为适合。雨水间接利用主要有分散渗透和集中回灌两种方式，分散渗透可以分为天然渗水和人工渗水，天然渗水主要是通过城区内分散的绿地对雨水进行渗透，通过渗透性较强的土壤以及植物根系对雨水径流中的悬浮物质和杂质进行净化，绿地的渗透和持水能力比密实裸土要强，增大绿地的面积可改善城市生态环境，同时加强雨水回灌的效率。人工渗水指的则是在城镇内铺设透水性的地面，透水砖下面铺设碎石、沙砾等组成的过滤层，通过透水砖的孔隙吸收降落在地面的雨水，让雨水渗透到地下去，这样的方式在技术上较为简单，也便于城镇大面积地使用。集中回灌是在城镇郊区或者新建设的小区内进行渗透池的建设，渗透池可以进行大面积的渗水储水，并且对水的净化能力较强，来水水质要求不高，方便管理，对于小区或者城镇的生态环境改善、提供水景观、开源节流等方面非常有利。雨水的综合利用就是将直接利用和间接利用结合在一起，依照不同城市和地区地形地貌和降雨等具体条件，综合利用雨水，充分发挥雨水的效应。雨水的综合利用由于综合选取了直接与间接的优势，利用生态、工程和经济学等方面的原理，将人工和自然净化雨水的方式相结合，来实现雨水收集利用、渗透和城镇水景观的协调统一，从而最大限度地利用雨水，将效益最大化地实现，达到经济效益和生态环境效益相统一的目的。城镇建筑雨水循环利用系统多采用雨水综合利用的方式，结合所处的位置与区域，综合运用雨水设施对雨水进行收集，其设计比较复杂，系统技术要求较高，以解决城市水资源环境困局和为城市居民服务。

城镇建筑雨水利用根据收集区域位置不同，主要分三种类型：屋面雨水利用、墙体雨水利用以及底层绿地雨水利用。屋面雨水集蓄利用系统主要应用于商业综合楼、公共写字楼和工业厂房等建筑，如浇灌、冲厕、洗车、冷却循环等，大量非饮用水使用雨水可节约供水和减少污水量，减轻城市雨洪危害，改善生态环境，该系统按建筑物布局可分为单体建筑物分散式系统和群体建筑物集中式系统。屋面雨水集蓄系统主要采用直接利用方式（图4–8、图4–9），将雨水用于屋面绿化浇灌，多余的雨水被收集并储存于地下或地面的蓄水池，经简单处理后直接用于浇花、冲洗厕所或者洗衣等，或是通过雨水管道流入地面的下沉式绿地之中，对植物进行灌溉，并进行回灌利用，涵养水源。屋顶雨水的收集利用主要包括雨水收集系统、过滤系统、贮存系统和回用系统等，其设备安装和使用很方便，在德国等国家得到了广泛的应用。

墙体雨水收集面依附建筑表皮，只简单的雨水收集和蓄存工程就可将雨水资源用于建筑立体绿化、灌溉、建筑清洁和丰富城市景观等。雨水收集多集中于低层区域，将雨水以种植模块收集、利用和过滤，形成固定于墙体之上集成化程度高。与墙体基层分开，形成建筑多层表皮，便于维护、管理和更新，如与苗圃和城市农场相结合可产生效益，相当于立体蓄水池，安装相对简单快捷，成效较大。由于墙体雨水收集面较小，景观效果明显，多在城市重要节点设置，充分发挥其最大效果。墙体雨水利用主要采用直接利用的方式，

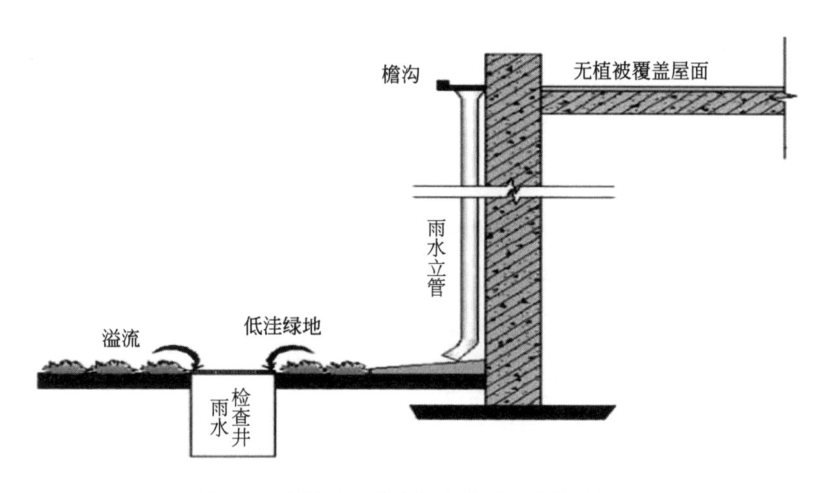

图 4–8　无植被覆盖屋面自然雨水采集机理图

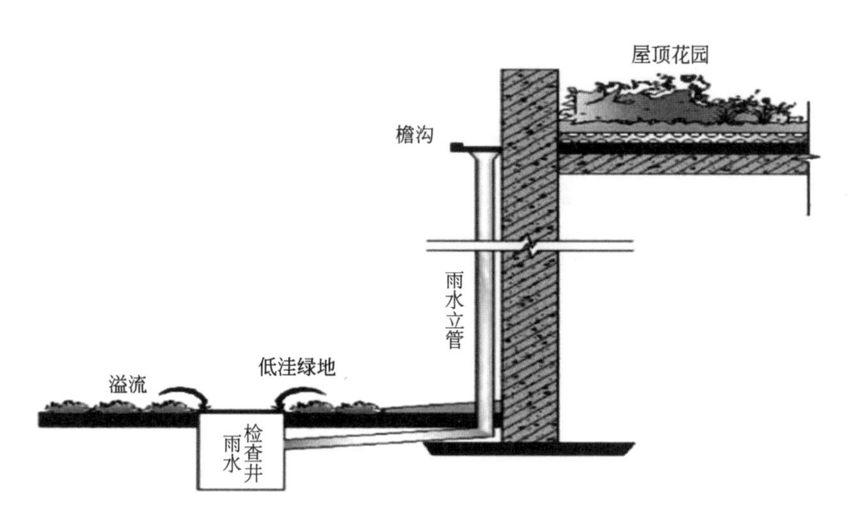

图 4–9　屋顶花园屋面自然雨水采集机理图

在建筑墙体外附着一层绿化层或设置空中庭院，墙体雨水口经种植槽收集至土壤中，余水流至排水管中，再通过管网将雨水排至路旁绿地或蓄水池等储水构筑物，实现雨水的净化与下渗，尽可能将雨水消化吸纳在土壤和植物中，从而减轻市政管网设施的负荷；同时经多层土壤过滤的雨水水质较好便于储存，在降雨量过大的时候也可以将雨水排放至市政管道，使雨水不至于在路面上形成径流与积水，还可以改善城市生态环境。墙面立体绿化不占用城市空间，并形成动态景观，随城市节日活动可动态变化效果，创造不同季相、色相的环境氛围。

道路雨水收集是城市影响广泛的雨水收集方法，一般都会在城市建设布局中着重考虑，在道路上设置雨水收集装置会十分便利有效。道路雨水收集也存在一些问题，道路在城市中占比很大，道路雨水径流中所包含的污染物含量较多，雨水处理工艺较为复杂且循环利用率不高，不能作为雨水利用的主要方式。场地雨水收集系统对汇水面进行雨水收集，汇水面主要是指停车场、硬质广场、园林绿地等大面积汇水区域，可采用综合利用的方式以下沉式绿地对路面雨水尽可能地进行自我消化。场地雨水收集是将收集水口设置在收集场地地面的最低处，在考虑每个收水口最大收水负荷之后，根据此设置数量和规模，同时满足规范上对于收水口间距的要求（图4-10）。这样一个个的收水口将汇水面上的雨水汇入下部敷设的雨水管网，然后再由雨水管网汇合，统一输送到相应的设施内，用作景观用水。透水砖等透水铺装以及下沉式绿地、雨水花园等海绵城市设施将雨水向下渗透进入土壤，就地进行雨水回灌，并在绿地周边设置溢流口，溢流口高程略高于绿地高程而低于周边高程。当降雨量较大时，经绿地蓄渗、补充消耗的土壤水分后，多余的雨水流入溢水口，送往集蓄水池。集蓄水池积蓄的雨水既可用来灌溉绿地，也可作为城市清洁用水。使用环保透水材料的场地透水能力在一定程度上优于土壤的渗透能力，雨水由汇水面入渗补充地下水，使收集利用形成一体化，可更好地适应时代和城市的发展，具有一定的利用意义（图4-11）。

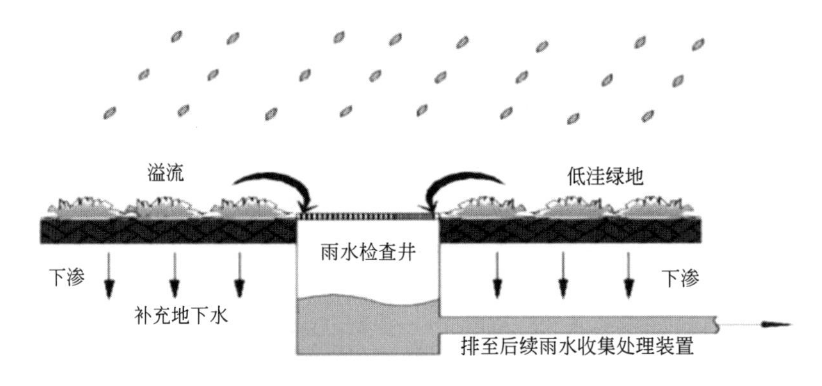

图 4-10　自然雨水采集机理图

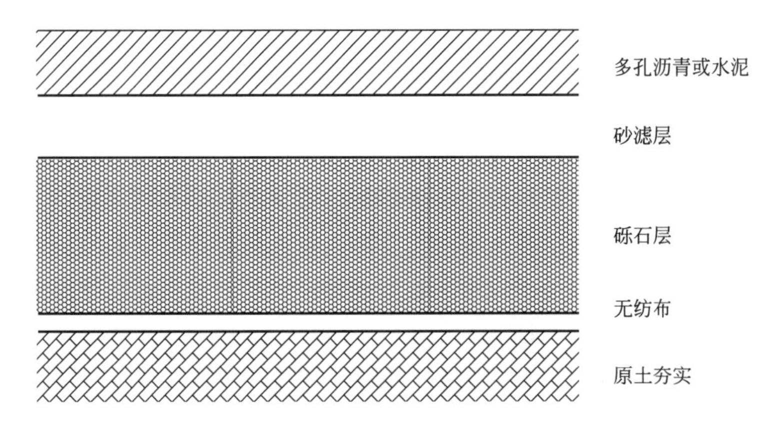

图 4-11　典型透水路面做法

西安市雨水利用系统包括直接利用、间接利用以及综合利用，目标是有效减缓地面雨水径流，将95%以上的雨水径流都能够入渗补给地下水，同时对径流中的污染物进行净化，总固体悬浮颗粒物的平均负荷削减率为75%。在综合布置雨水利用系统的过程中，应考虑到雨水设施所能起到的景观效果，建筑屋顶、墙体雨水收集利用的潜力巨大，带动景观改善程度高，绿地吸纳雨水回灌于土层，多重利用对于雨水的利用效果较好。

4.2　西安市雨水系统现状和存在问题

西安市[①]作为十三朝古都，城市按300年一遇洪水的标准设防，千百年发展过程中对地下水的过度抽取，已经导致十余条地裂缝遍布市区，衍生的地表沉降严重威胁建筑安全，城市必须依赖远距离调水维持社会经济发展。严重雨涝灾害平均20年一次，内涝灾害更加频繁。近年来西安市实施的“八水润长安”作为大尺度恢复雨水在城市中循环过程的工程，以西咸新区中尺度海绵城市示范区的建设为示范，城市水环境有了大幅度的改善，但从建筑小尺度合理收集储蓄雨水进行资源化利用，畅通雨水自然循环过程，回补地表及地下水资源，减少城市对地表及地下水资源的过度开采，降低城市洪涝灾害发生的可能性，提升城市水韧性亟待系统研究。

西安市目前雨水排放系统静态设防标准为3年一遇的雨水量，对抵御设防能力以下的灾害效果较好，但极端气候状况尚需寻找系统性的应对策略。城市土地大面积硬化（表4–5）或为建筑占据（表4–6），降低了消纳短时间强降雨的能力，阻断雨水渗入地下的自然循环，增加城市雨水排放的压力，加大了洪涝灾害发生的频次和危害性，有限的城市土地和绿化用地难以下渗雨水和有效补充地下水。

西安市居住区用地平衡控制指标　　表4–5

用地构成	居住区（%）	小区（%）	组团（%）
住宅用地（R01）	50～60	55～65	70～80
公建用地（R02）	15～25	12～22	6～12
道路用地（R03）	10～18	9～17	7～15
公共绿地（R04）	7.5～18	5～15	3～6
居住区用地（R05）	100	100	100

西安市各用地构成类型占地比例及面积　　表4–6

用地构成	占比（%）	面积（km^2）
住宅用地（R01）	63	93.31
公建用地（R02）	15	22.22
道路用地（R03）	13	19.25
公共绿地（R04）	9	13.33
居住区用地（R05）	100	148.11

① 西安市位于黄河流域中部关中盆地，东经107° 40′～109° 49′和北纬33° 42′～34° 45′。东至骊山，南依秦岭，西界洋河，北至渭河，东北跨渭河。总面积10108km^2，其中市区面积3582 km^2。

建筑基地汇水面包括建筑屋面、路面、停车场和广场、绿地和水面，各种汇水面渗透参数不同。场地大面积水体依赖城市给水管网供水，因池底防水处理而减少了下渗量、但蒸发量较陆面大，在严重缺水的西安市，场地水景的生态、经济及社会效益不佳。水体虽减少了大量短时间降水冲击下的湿陷性黄土沉陷造成的土壤空洞，减少对周边建筑及居民生命财产造成威胁，但也导致城市地下水长期缺乏补给的恶果。城市雨水系统的构建可以充分收集利用雨水将短时强降水，以最佳景观效果、最安全的方式缓释进入地下，高效弥补地下水，减少雨水引发的次生灾害。

事实上，城市雨水系统中建筑屋顶绿化可以汇集过滤净化雨水，供场地绿化灌溉及地表景观水系使用；道路、广场和停车场中污染的雨水，存蓄于生态草沟、湿地，用于回补地下，改善小区湿度和景观效果；绿地部分的中、重污染雨水在浅草沟渠、自然或人工湿地中形成水生、湿生和陆生生境；超出场地雨水景观系统承载量的雨水通过溢流进入城市雨水管网或形成地表雨水径流。城市雨水系统增加了生境多样性，为城市增添了季节性变化的水景，在消纳净化利用雨水的同时，创造出多元植物群落，创造行为、视觉、心理宜人的景观效果。城市雨水系统利用雨水，将蓄留雨水通过植被、土壤吸收净化，恢复景观自然生态功能，以化害为利、变废为宝的方式，实现最佳的城市景观与使用效果，缓解城市面临的诸多水问题。

西安市雨水自然循环的状态通过下渗、蒸发实现就地循环，因极端降水以地表径流的方式向外排的数量很少。随着城市化的加剧，地面硬化程度大大增加，雨水就地循环受阻。西安市城市下垫面由建筑、道路、广场、水体和绿地等部分构成，不透水面包括建筑、道路和广场等，对雨水循环过程起决定性影响。其影响主要表现为三个方面，即各类型下垫面数量对西安市水平衡状况的影响、各类型下垫面的结构关系对西安市雨水平衡状况的影响、各类型下垫面自身的构造特点对西安市水平衡状态的影响。不同类型下垫面对雨水循环产生不同的影响。

4.2.1 道路雨水循环现状和存在问题

西安市混合状路网既包含城墙内较为狭窄的方格形路网，也包括城墙外环形放射型路网。城市道路可分为快速路、主干路、次干路、支路（表4–7）。

城市道路类型 **表 4–7**

类型	快速路	主干路	次干路	支路
宽度	四车道以上，立体交叉控制出入	30 ～ 60m，立交平交结合	20 ～ 40m	10 ～ 20m

城市道路断面可分为传统一块板断面形式、传统两块板断面形式、传统三块板断面形式、传统四块板断面形式（表4–8）。城市道路由车行道、人行道、非机动车道、中央分隔带等部分组成。

城市道路断面类型　　　　**表 4–8**

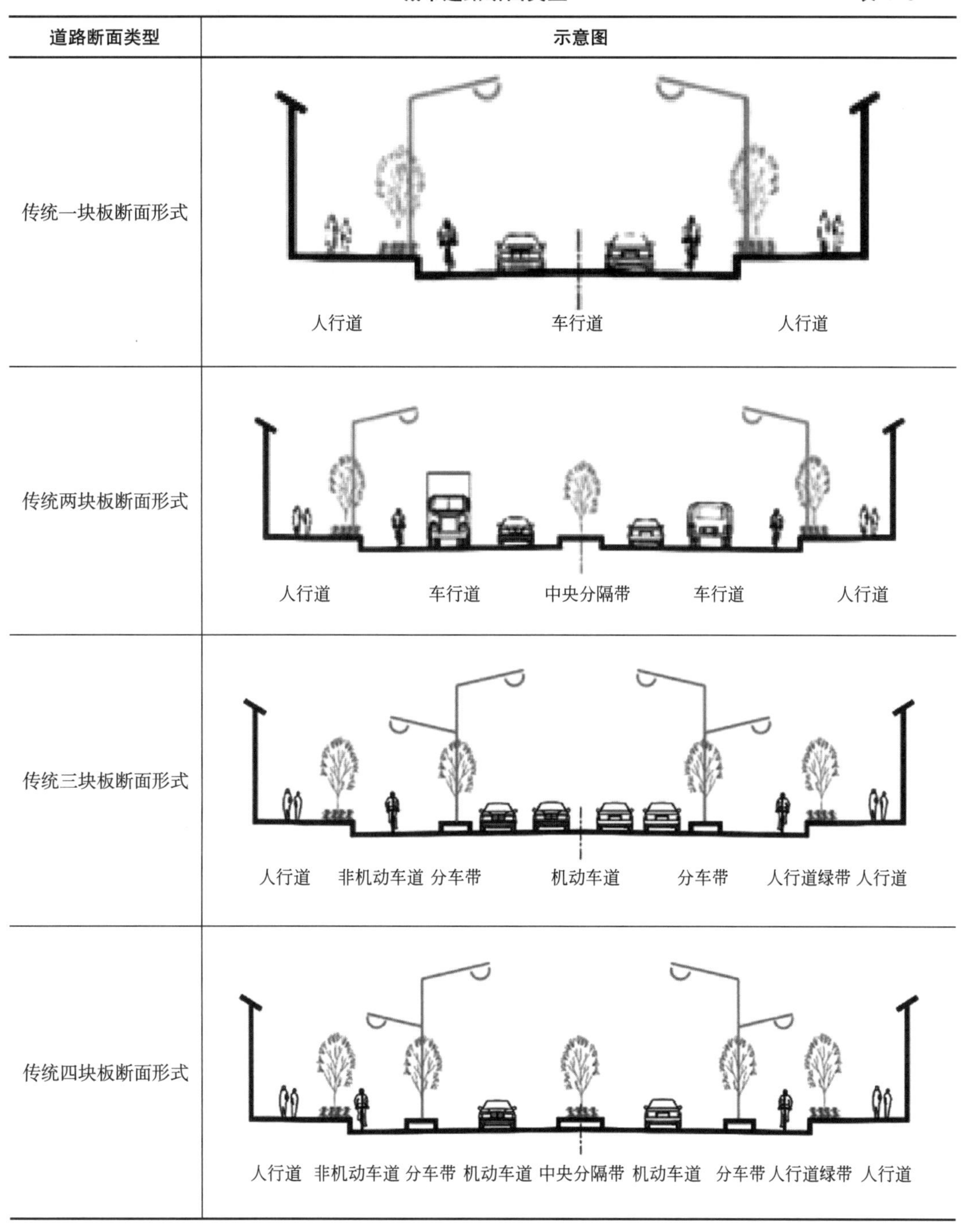

道路断面类型	示意图
传统一块板断面形式	人行道　车行道　人行道
传统两块板断面形式	人行道　车行道　中央分隔带　车行道　人行道
传统三块板断面形式	人行道　非机动车道　分车带　机动车道　分车带　人行道绿带　人行道
传统四块板断面形式	人行道　非机动车道　分车带　机动车道　中央分隔带　机动车道　分车带　人行道绿带　人行道

目前，西安市城市道路上的雨水主要以管道直接集中排入市政管网，甚至有公园绿地利用地形将多余雨水溢流至路面排除，由于缺乏空间和技术支持，除西咸新区进行了较为完整的雨水循环利用系统规划外，低影响开发（LID）仅体现在个别公园将河湖、水系作为雨水收集设施，简单收纳绿地内的雨水，如兴庆公园、丰庆公园等，但雨后湖水浑浊影

响景观效果；部分城市广场使用透水地面（透水砖和透气透水混凝土等）吸收少量雨水，但由于下部垫层不透水，雨水只能吸附在表面，无法下渗。

雨水就地循环一般采用低于路缘表面100～150mm的绿地吸收和储存部分绿地和道路上的雨水，超出路缘石表面的过量雨水中的泥沙经沉淀后，排放至道路，绿地过滤仅可消纳部分城市绿地和道路上的雨水。西安市城市道路绿带普遍存在宽度、面积偏小，难以同时保证乔木生长与初期雨水处理系统布置所需空间要求（宽度大于3m），亟待有针对性地研发小微空间简单可行的雨水处理技术，以点带面增加道路、绿地的自然渗透、积蓄消纳能力，确保西安市雨水长期循环均衡稳定。渗管、渗渠这类有渗透功能的雨水管和雨水渠，可采用无砂混凝土管、穿孔塑料树脂管等材料，维护绿地和道路边缘，既具备排水功能，又具备过滤功能。

城市中数量巨大宽度30m以下的城市支路或者次干道，雨水循环主要以下沉绿地渗透和传输雨水为主。宽度30～40m的城市次干道以及宽度40m以上的主干道或快速路，绿带消纳绿地自身雨水的同时可引入路面雨水径流，渗透与截污净化，路面雨水通过道缘开口等方式有组织进入绿带内的初期雨水处理设备，然后再进入绿地内的下沉式绿地等设施，通过自然渗透、自然储蓄、自然净化后将多余的雨水通过预留设施排入地下雨水管网（表4-9、表4-10）。

道路断面形式　表4-9

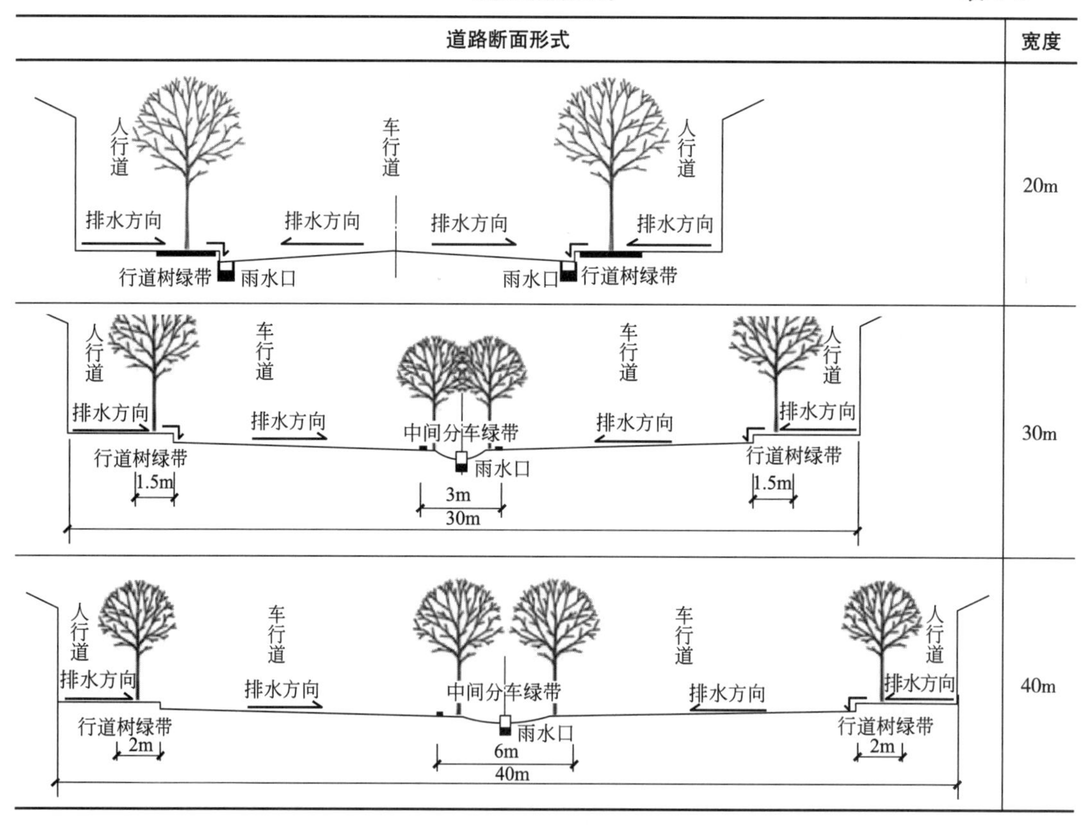

不同宽度道路横断面形式的雨水设施　　表 4-10

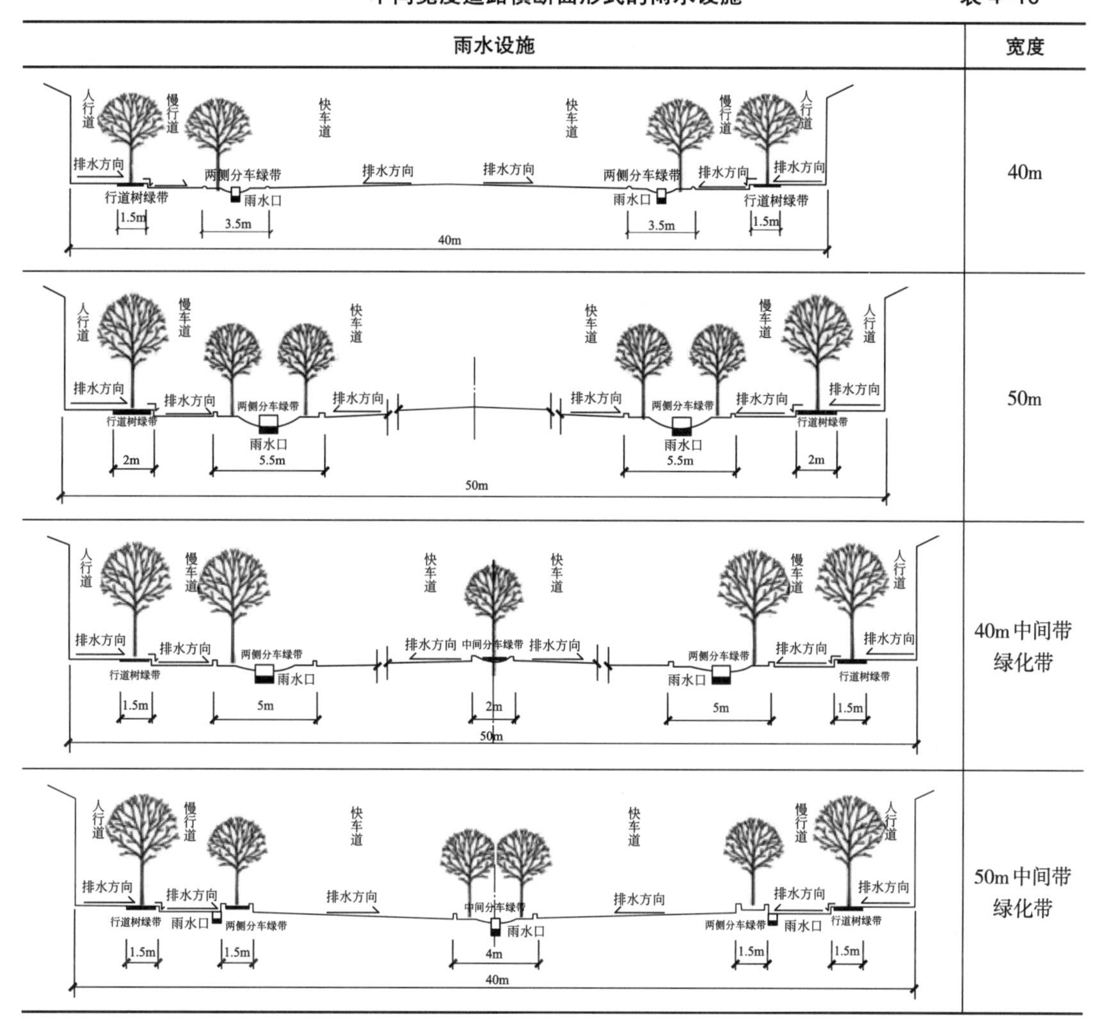

雨水设施	宽度
	40m
	50m
	40m 中间带绿化带
	50m 中间带绿化带

西咸新区沣西新城的秦皇大道宽80m，长2.43km，道路两侧是35m绿化，中央下凹式分隔带宽为12m，两侧主辐道之间绿化带宽5m，辅道宽8m，人行道绿化带宽1.5m，人行道为3.5m（图4–12）。道路绿化利用地形与生态滞留草沟、传输草沟以及雨水花园相结合，分段设置人行道透水铺装，对街道雨水径流和污染实现源头控制，在侧分带内增添雨水溢流口，强降雨及时将路面雨水排入市政雨水系统，实现排涝除险（图4–13）。利用增设拦污槽的开口路缘石的槽座10～25mm轻质卵石，初步拦截雨水杂质（图4–14）。

红线宽度30m以下道路只能收纳部分人行道雨水；新建红线宽度40～50m之间的道路，绿带宽度都可以达到3m以上，具备消纳路面雨水的空间；新建红线宽度50m以上的道路，可消纳路面雨水的80%～85%。道路中能够消纳路面雨水的绿地面积与存在方式会影响雨水下渗、吸收和蒸发量，合理的城市道路结构和断面设计可以确保雨水就地平衡，西安市新建道路基本可以达到对常规降水的就地平衡，但旧城市道路很难实现雨水径流的控制，必须另辟空间以实现城市雨水平衡的目标。西安市城市道路绿带土质允许、布局

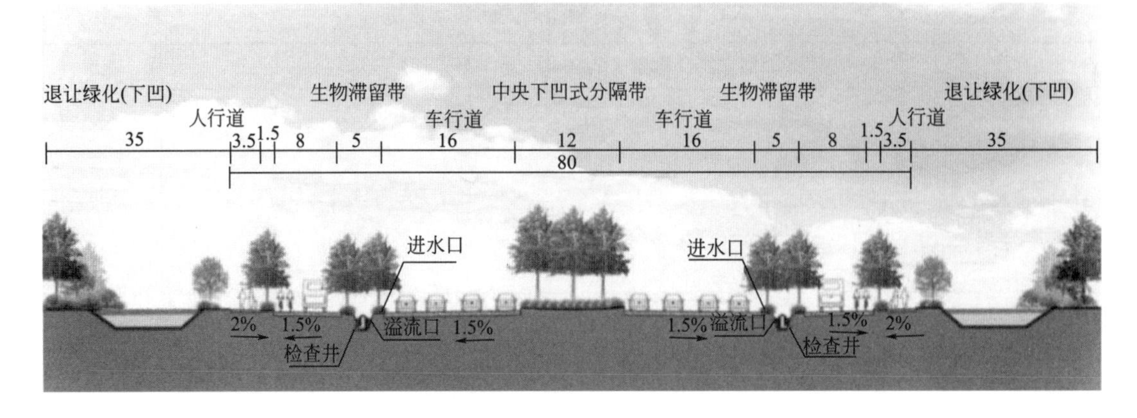

图 4-12　秦皇大道 LID 改造横断面布置图（m）

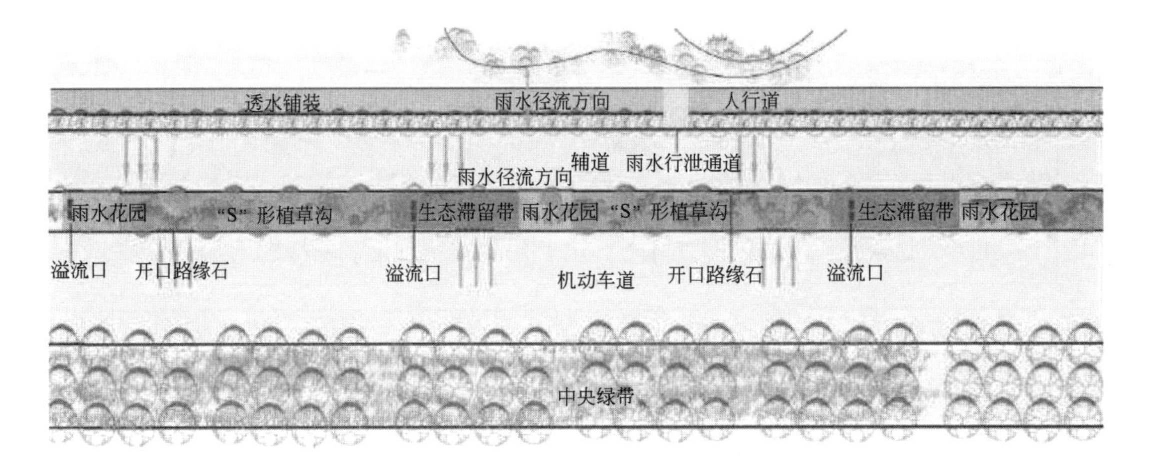

图 4-13　秦皇大道雨水利用设施平面布置图

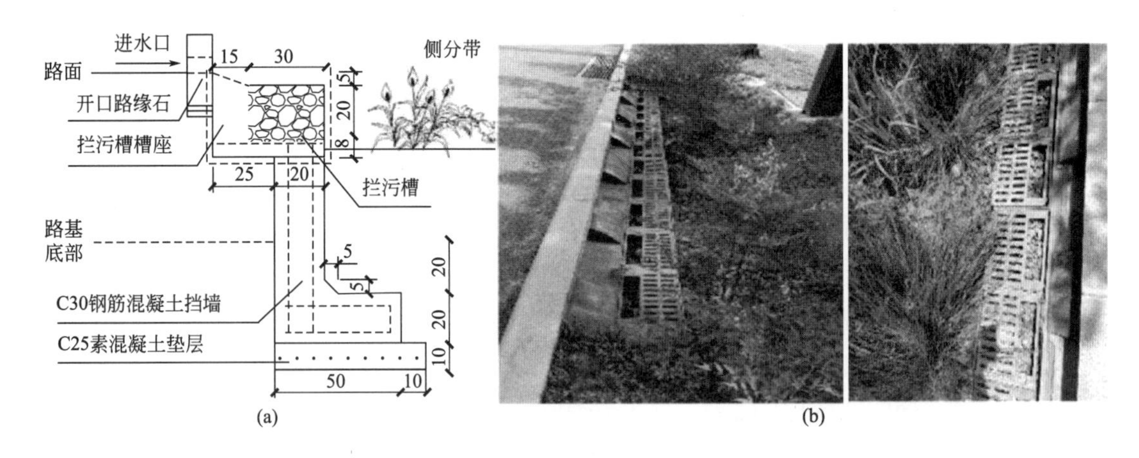

图 4-14　拦污槽结构示意图与现状图

合理，且宽度3m以上绿带超过绿地总面积36%时，可实现80%～85%之间地表径流就地循环利用，如条件不具备时应增加人工设施。西安市雨水循环主要从要素与要素组合来控制，要素主要包括道路、广场、建筑、绿地和水体等，多要素组合效果远超单要素的原因在于可以在空间上重叠，取得互补强化的效果，这不仅缓解径流量，同时对于延迟和减缓峰值，降低内涝风险有明显作用。综合比较其对周期性降水应对及达到饱和状态的能力，水体、建筑、绿化、广场、道路效果逐渐递减，原因在于其在城市中所占面积及其进行整体调控的难度。在相同降雨条件（降雨量、历时等）下，污染状况与区域污染源、污染水平等因素密切相关，城市道路径流雨水中悬浮固体含量高，主要成分为大气沉降物和径流冲刷物，由于道路清扫和汽车碾压，径流雨水颗粒态物质的粒径都较小，且由于西安市地处黄土地区，径流雨水中的泥沙、黏土等成分含量大，黄土粒径大小一般介于黏土和细砂之间，难以清理。

绿色屋顶水质最好，其次是雨水花园、绿地，广场、道路再次之。在重现期为1a、2a、3a时，污染物控制效果下凹式绿地>雨水花园>透水铺装，当重现期为5a、10a时，污染物控制效果为透水铺装>雨水花园>下凹式绿地。城市各要素对水质水量控制均有自身的特点，在一定的降雨条件下，自身水质较好但进一步改进的难度较大，自身水质较差，但改善效果较明显。

西安市街道整体以传统雨水排放方式为主，以车行道作为雨水传输路线，而雨水口设置在道路侧边路面或分车绿化带间隔中，少数雨水口和路面持平，容易造成积水，不利于雨水汇入市政管道，易引发城市内涝。景观效果良好的街道绿地应考虑对雨水循环的全面解决，增强其生态整体性。绿带与路面隔绝，路面雨水收集净化效果不佳，数量少且系统性不强。分车绿带高程往往高于路面10～20cm，不透水的铺装（沥青、混凝土和砌块砖）材料及其垫层阻止雨水就地下渗，造成雨天路面积水。

西安市道路雨水利用系统应在气象、水文、地质及绿化条件下，确保道路及周边建筑物结构安全，以生态型雨水处理方式从源头提高城市道路绿地的雨水消纳能力，过程处理为辅，基本控制中小型降雨，局部阻滞大型降雨，从而减轻城市管道压力和减缓地表径流形成时间，维持绿地植物正常生长，减缓内涝形成时间的作用。

4.2.2　广场雨水循环现状和存在问题

以硬质非透水铺装为主的广场、停车场其地表径流进入城市排水管网，对地下水补给和水土涵养能力弱，会造成河流污染。仅有少量生态停车场（图4-15）采用透水铺装，少量雨水渗入地下，多余雨水从地下设施收集净化，并以预埋排水管输送到人工小湿地进行雨水的净化处理。

以太白山国际旅游度假区生态停车场为例，雨水净化处理中心在中庭水景广场，储藏和利用相结合。蓄水池的体积要满足景区停车场降雨最大峰值收集到的雨水量。停车场雨水收集不仅延续维持场地原有水循环状态，还用于消防用水、景观用水、绿化灌溉等用水，节约用水以发挥雨水最大的生态、经济和社会价值。停车场车位间绿地内乔木之间的草坪下预埋雨水收集净化模块（图4-16、图4-17），收集、过滤和净化雨水的同时，不影响植物生长，雨水收集净化模块用防渗膜包裹，上方出水口与雨水收集输送管道接通，其上的覆土层和碎石层初步过滤和净化雨水。

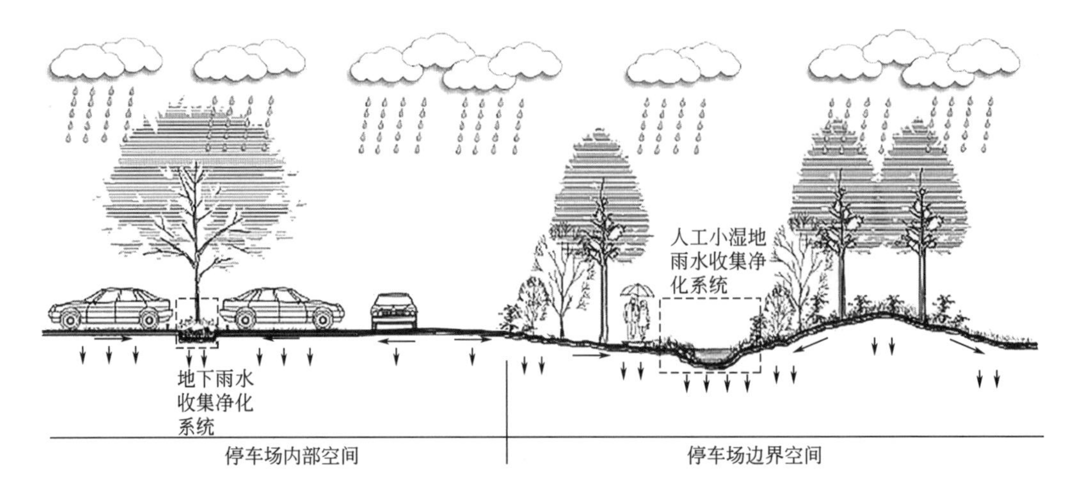

图 4-15　生态停车场雨水循环状态

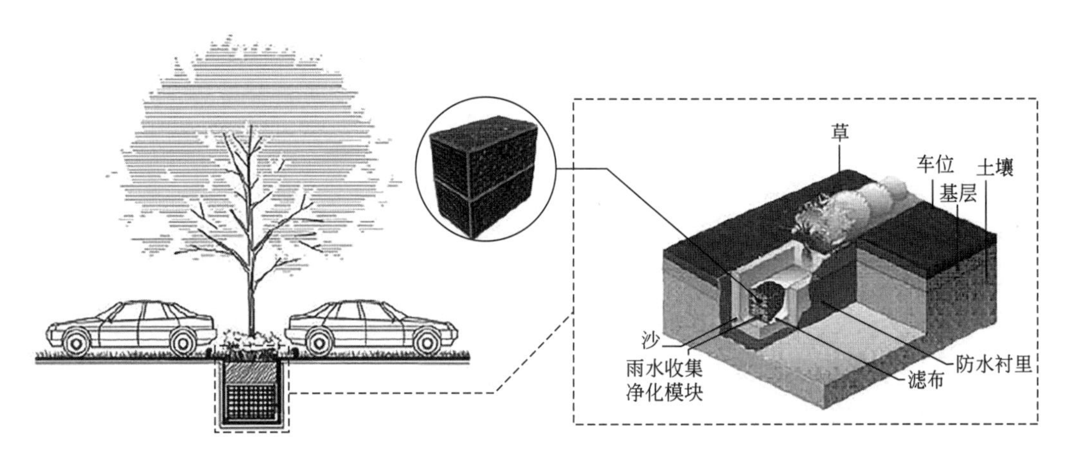

图 4-16　停车场地下雨水收集净化示意图

图 4-17　停车位预埋雨水收集净化模块示意图

城市广场在车行道、人行道、广场和停车场等人工地面中尽量使用多孔沥青、透水混凝土、草坪砖和吸水砖等透水性铺面。通过增加入渗面积和蓄水空间，多次延时入渗来强化雨水入渗，用多孔空隙材料堆砌成大小、形状不同的可供短暂存储的雨水连通空间，其底部以渗水材料提高下渗速率。上海世博园使用经特殊工艺处理的再生废钢渣制成的透水沥青路面，具有降温降噪、防滑排水、安全不反光等特点，可降低城市热岛效应、减缓地表沉降、改善生态环境，园区雨水径流下渗，径流减少，增加园区的雨洪韧性。初始降雨含有较高浓度或较大负荷的污染物，园区建有约3000m^{3}初期雨水调蓄池站和8000m^{3}浦明滩雨水泵站，暴雨时污染较高的初期雨水先进入雨水调蓄池贮存，暴雨后慢慢输送至市政污水管网，纳入污水处理厂进行处理，中后期的雨水则经由雨水泵站排入黄浦江水体，有效减轻了初期污染雨水对水体水质带来的污染。广场中大面积场地可汇集广场内的雨水，亦可汇集滞纳周边区域的雨水。下凹式绿地、小型湿地和雨水花园等通过自然和人工过滤储存系统就地下渗以达到雨水利用的目的。

城市中小型开敞空间亦将绿地、道路以及建筑屋顶传输来的雨水进行小规模集中人工消化与利用，形成小尺度雨水循环系统，这种分散化、网络化布置，可使高密度聚集区雨水消纳更加系统化（图4–18、图4–19）。

景观设计公司De Urbanisten设计的荷兰鹿特丹Benthemplein雨水广场，以“水广场”概念将公共活动和雨水管理的良好整合，无雨时作为公众集会、运动的场所；降雨时发挥收集、储蓄功能。广场建设之前，由于缺乏有效的雨水设施，中强程度的降雨极易导致高密度建成区的内涝。项目以屋顶雨水收集系统、雨水引导渠、地表及地下滞留池等雨水管理设施，通过三个不同形态、深度各异的下沉广场（图4–20），将不同强度的降雨分区域进行控制。

图4–18　城市中小型开敞空间的可持续雨水消纳示意图

图 4-19　城市中小型开敞空间雨水消纳措施

图 4-20　荷兰鹿特丹 Benthemplein 雨水广场

低程度降雨时，广场南面停车场和东侧建筑屋顶的雨水，由地面不锈钢水槽引导，流向第一个下沉广场；西面小教堂屋顶和北侧地面径流的雨水，则在不锈钢水槽的指引下流向第二个下沉广场；高强度连续性降雨时，第三个体量最大的广场发挥作用。三个广场和周边城市环境紧密联系，有效缓解高密度城市环境下的洪涝问题（图4-21）。

屋顶雨水作为整个广场水体的主要来源，利用自然植物群落收集、净化和再利用，由人工系统净化雨水，作为安全的景观元素，雨水资源的再利用也节省了周边建筑对洁净水的消耗，如波茨坦广场（图4–22、图4–23）。

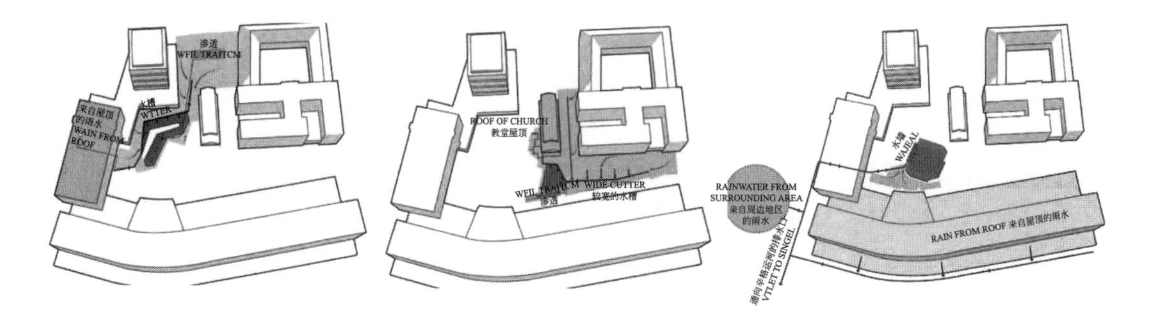

图 4–21　荷兰鹿特丹 Benthemplein 雨水广场的三个广场

图 4–22　波茨坦广场

图 4–23　波茨坦广场雨水循环清洁模拟

当前广场等场地主要为不透水铺装，雨水直接排入雨水管网，一些优秀设计将广场中一部分下沉，作为暴雨季节周边建筑屋顶排除雨水的储存空间，而不仅仅将周边绿地作为广场自身雨水的疏泄空间，其设计的优秀经验值得推广。

4.2.3 建筑雨水循环现状和存在问题

建筑对城市水环境的影响远大于城市其他部分，建筑主要通过引发上空的机械湍流、热湍流和凝结核使城市小气候及雨水循环过程发生改变，使当地较农村降雨量和降雨概率增加，极端天气事件的发生频率增加、强度增大，从而使城市气象灾害的后果愈加严重。建筑引发城市下垫面变化，减少入渗量，大量的不透水沥青、水泥、砖以及构筑物，直接减少雨水下渗和地表向大气的水汽通量，增加径流量，导致局部地区“热岛效应”产生。汇流时间缩短，增加了城市雨洪灾害发生的概率。面对更加严峻复杂的雨水环境，排水系统不完善，雨水本地循环滞留减少，雨水资源浪费，以传统疏与排结合的方式，在加大排泄的同时，减少了地下水的供给，破坏本地水资源持续供给的可能性，加之建筑大量消耗水资源，城市水危机凸显，必须依靠建筑对水资源的主动控制、收集、管理和利用，化不利为有利，以解决城市缺水和缓解城市洪涝灾害。对于不同类型的建筑，雨水利用方式各有不同，城市建筑量大面广，密度与容积率较大的居住建筑导致城市空间逐步缩小，充分利用屋顶花园、绿地等空间收集雨水，用于绿化养护、卫生清洁、消防用水和小气候调节，最大化减小路面径流，提高居民生活质量。公共建筑的屋面面积较一般居住建筑大，使用人数众多，使用时间较为集中，蓄水量更加明确，运用透水铺装、雨水花园等雨水景观设施，雨水收集利用的数量、质量和效率更佳，降雨径流的积蓄与利用显得更为重要。建筑屋顶场地渗透设施应为轻质透水材料，在不大幅度增加建筑结构荷载的同时，过滤沉淀物，实现透水、滞水、排水，一定程度缓解城市热岛效应。绿地本身有消纳雨水、降低峰值、改善排水径流质量等优点，依托建筑屋顶的绿地可包含树池、花坛蓄水层、种植土层蓄水层，间接降低绿地浇灌的用水量，绿地溢流口可借助建筑排水系统与建筑储水设施和雨水管道衔接，绿地初步滞留和净化的雨水后多余雨水从溢流口汇入雨水管网。建筑雨水储蓄设施包括开敞式（湿塘、雨水湿地等）和封闭式（蓄水池、雨水蓄水模块等）。建筑雨水传输系统（草沟、渗管、明渠等）收集、输送雨水，与建筑雨水管配合设置，从而更好地组织雨水积、蓄、用。屋面等相对干净的雨水通过初期弃流和简单预处理后，通过管道或沟渠方式导流进入高孔隙材料空间内短暂储蓄，暴雨过后雨水继续下渗，超过储蓄容量的雨水外排。

雨水沿屋顶坡向进入预留入口的花池中，花池由多种植物构成，花池中的植物和土壤构成集雨水滞留、吸收、过滤和渗透多种功能一体的雨水管控处理系统。花池分层布置，当第一花池中要素吸收的雨量达到饱和，溢出的雨水会越过由蛭石筑成的拦截坝流向下一个花池内，直至最后一级的花池内的蓄存容量也达到饱和状态。最后多余的雨水将会就近流入屋顶原有的排水口，最终进入建筑及城市雨水排放系统。当前绝大多数城市建筑未考虑雨水资源的循环利用及可能衍生出的更广泛的社会、经济和生态影响，应成为后续重点解决的问题。

4.2.4 绿地雨水循环现状和存在问题

绿地对降雨的吸收、蒸发、土壤入渗和径流等影响显著。土壤入渗是降雨后落到地面上的雨水从土壤表面渗入土壤形成土壤水的过程。它是“降雨－径流”循环过程中的关键一环，城市绿地可以有效增强雨水的土壤入渗的效果，补充地下水，实现降水、地表水、土壤水和地下水相互转化。绿地中合理配置植物群落处理水污染，净化水质，可以避免传统的污水治理中物理化学方法。同时植物的根系、叶脉具有一定的截留和储水的能力，在多雨天气，利用植物的根系和叶脉对雨水进行一定量的蓄水，在干旱天气时通过植物的蒸腾作用释放其经脉中储存的水，从而达到补充地下水位以调节气候，减少城市热岛效应，对防洪、气候调节、水质净化、保护生物多样性等具有明显作用。

沣河湿地公园位于沣渭新区沣河上游段，全长约6.8km，沣河西咸新区交接处，处于暖温带半湿润大陆性气候区，四季分明且雨热同季，夏热多雨，秋凉湿润，冬寒少雨，干旱灾害多于洪涝灾害（图4–24、图4–25）。根据气象站分析1960 ～ 2014年平均降雨量约515mm，其中6 ～ 9月份降雨量占全年降雨量的50%左右，夏季多暴雨出现，易发生洪涝灾害。

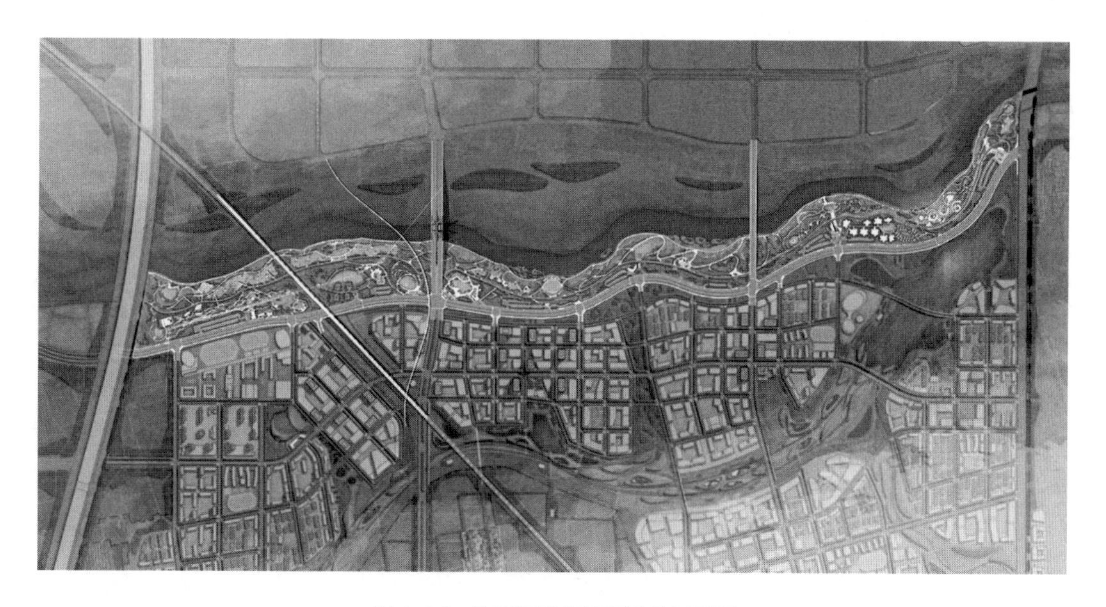

图4–24　沣河湿地公园项目总平面图

公园设置多处深水湿地、浅水湿地和净水湿地，以确保园区每部分的雨水收集、净化、处理、利用、循环、排溢系统实现“渗、滞、蓄、净、用、排”全过程。大雨时硬质铺装雨水汇入净水湿地，进行水质处理，大雨雨量超过净水湿地处理能力的雨水（湿地达到最高水位时）会经溢流管道汇入深水湿地，当暴雨时超过深水湿地处理能力的雨水（湿地达到最高水位时）会经溢流管道汇入沣河内。

图 4-25　沣河湿地公园鸟瞰图

沣河湿地公园运用填-挖方技术形成微地形，通过雨水花园、人工湿地、生态草沟、渗透池、蓄水模块等设计收集酸性雨水，地面选用会呼吸的环保材料，符合年径流总量控制率超过85%，雨水径流面源污染去除率大于60%，雨水资源回用30%以上的技术要求，真正具有“弹性”和“可持续性”（图4-26）。

图 4-26　沣河湿地公园微地形

绿地的观赏效果受到当前设计、施工和管理人员的重点关注，但绿地作为各种人工、自然要素生态效果转化的桥梁和纽带的作用更不应被忽视，综合利用各项先进技术充分发挥绿地的生态效益成为建筑雨水利用的关键一环。

雨水花园是对花园景观要素及其相互关系的重新组织以实现雨水最大化生态、经济和社会价值的一种生态可持续的雨洪控制与雨水利用设施（图4–27）。自然或人工形成的浅凹绿地汇聚来自屋顶或地面的雨水，通过植物、沙土的综合作用使雨水得到净化，并使之逐渐渗入土壤，涵养地下水，或补给景观用水、厕所用水等城市用水。雨水花园中水体、湿地、植物使蒸腾增加，更好地调节湿度与温度，改善小气候环境，由于雨水花园对雨水灌溉系统的统一设计，雨水的充分利用大大降低了养护成本，简化了维护与管理的难度。雨水花园蓄存雨水的湿地大大增加了花园生境的类型，创造出更加丰富的植物群落，为昆虫与鸟类提供良好的栖息环境，雨水花园不仅创造视觉、心理、行为的体验，类型丰富的生境要素可以更有效去除悬浮颗粒、有机污染物、重金属离子和病原体等有害物质。

图 4–27　雨水花园布置示意图

雨水花园利用屋顶空间布置时应注意结构允许的荷载范围，避免植物根系对面层的破坏以及高大植物对结构造成的影响，应采用轻量化材料、减量化设计，以最小的荷载创造出最佳的综合效益。适当创造屋顶集水面与种植层之间的高差，能够充分地收集雨水，降低雨水的蒸发量。

浅草沟又称为植草沟（图4–28），是植被种植其中的地表沟渠，一般通过重力流收集处理雨水径流，当雨水流经浅草沟时，在沉淀、过滤、渗透、吸收及生物降解等共同作用下，径流中的大部分污染物被去除，达到雨水径流的收集、处理、利用和污染控制的目的，其结构简单、投资小，建设快、易维护，对小强度降雨径流有很好的净化处理效果，同时可有效削减径流峰值，还能营造良好的景观效果，可用于道路两侧、建筑外围等处。布置在建筑外围的植草沟在不改变屋顶形态、功能等情况下，截留建筑屋顶汇集的雨水，弥补建筑覆盖土地雨水吸收的缺失。蓄水池根据地形和土质条件可以修建在地上或地下，采用开敞式和封闭式，形状可分为规则式和不规则式，采用砖、石砌、混凝土池等材料修建，因其不同功能和位置而采用防渗或可渗透型池底。蓄水池布置在屋顶或楼梯间的屋面上，可在夏季以蒸发降低屋顶温度，冬季以水体升高屋面温度，进而改善室内温度（图4–29）。

灌溉系统可以使蓄积的雨水均匀高效地满足植物生长的要求，由于喷灌需加压处理，设备的造价及对硬件、工艺的要求比较高，滴灌和渗灌成为雨水利用灌溉系统的主要形式。滴灌是通过管道系统与安装在毛管上的灌水器（图4–30），将作物需要的水分和养分一滴一滴、均匀而又缓慢地滴入植物根区土壤中的灌溉方法，具有不破坏土壤结构，蒸发损失小，不产生地面径流，几乎没有深层渗漏，是一种节水的灌水方式。灌水器每小

图 4-28　浅草沟布置示意图

图 4-29　蓄水池布置示意图

图 4-30　滴灌布置示意图

时流量为2 ～ 12L，灌水量小，一次灌水延续时间较长、周期短、小水勤灌，与自动化相结合准确地管理和控制灌水量。对于西安市冬冷夏热、降水不均的条件而言，滴灌节水、节肥、省工，对设备的要求低，便于土壤控制温度和湿度，避免土壤板结，改善绿化效果。如对雨水水质更好地控制，减少水口堵塞，结合其他浇灌方式，减少盐分积累，促进根系发展，则效果更佳。

与滴灌不同，渗灌是利用地下管道将灌溉水输入地下一定深度（图4-31），借助土壤毛细管作用促进管道渗水湿润土壤的灌水方法，有利于保持土壤结构和疏松状态，地表土壤湿度低，可减少地面蒸发，与滴灌方式相比都具有灌水量省，流量小，灌水效率高，压力低，节约能源的特点。与滴灌方式相结合，有利于土壤整体状态的改善，由于渗灌投资高，施工复杂，且管理维修困难，易产生深层渗漏，故宜少建设（图4-32）。

图 4-31　渗灌

图 4-32　渗灌设备井

4.3 城镇建筑雨水利用潜力

地区降水时空分布规律与城镇建筑雨水可利用潜力密切相关，客观评价城镇建筑雨水资源利用潜力还需甄别城镇建筑雨水利用的渠道，通过雨水循环系统的量化模型理清建筑中雨水利用全过程，为测评建筑雨水利用效果提供标准和方法。

4.3.1 雨水资源收集潜力的概念

雨水收集潜力是指在考虑雨水下渗、季节衰减等因素影响下，在特定区域及时段内，能够收集雨水资源的最大能力，一定程度上由雨水收集量来反映。雨水收集潜力是城市雨水资源化潜力的主要部分，二者的关系可用图4-33表示。雨水资源通常能够持续收集，降雨的循环往复性是与大部分自然资源最大的区别。在资源的收集方面，一定程度上受科学技术、经济、文化等因素的影响。雨水收集在不考虑其影响条件下，雨水资源量除土壤蓄存、下渗、植物截留之外的量，理论上能够被全部收集，得到的是雨水资源收集的理论潜力。现实生活中，受科学技术水平的限制，雨水资源会产生损失量，总是不能进行全部收集，此时，雨水收集最大的能力就是雨水资源收集的实际潜力。本次雨水收集潜力研究采用的是雨水收集的理论潜力。

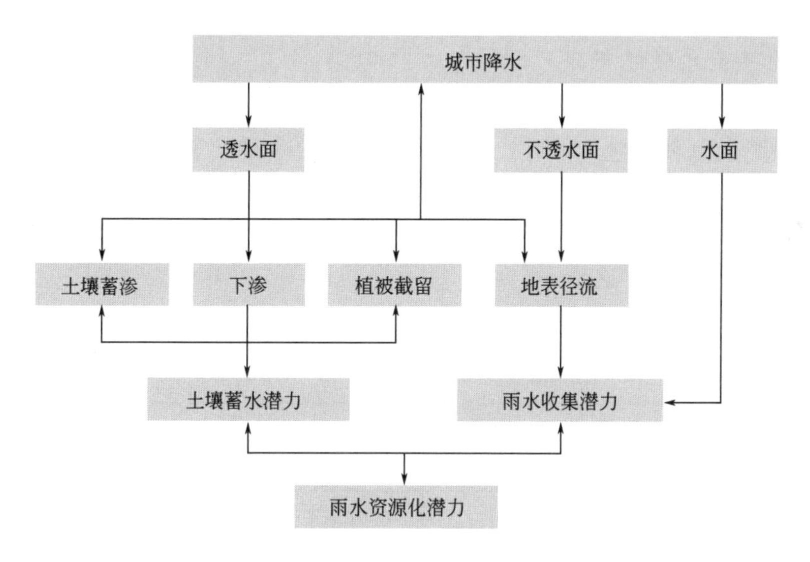

图4-33　雨水收集潜力与雨水资源化潜力的关系

4.3.2 雨水资源收集潜力的计算

雨水总量是指一个地区的降水总量，理论上雨水资源收集的最大值，雨水总量可按照式（4-2）计算：

$$W_1=H\times A\times 10^{-3} \tag{4-2}$$

式中　H——年降水量（mm）；

A——汇水面积（m^2）。

降雨量受科技水平和经济水平限制，雨水总量不可能被全部收集，不考虑季节折减和初期弃流量，理论可收集雨水量可以按照式（4-3）计算：

$$W_2=\Psi\times H\times A\times 10^{-3} \tag{4-3}$$

式中 Ψ——径流系数；

H——年降水量（mm）；

A——汇水面积（m^2）。

雨水资源收集除科技水平、经济水平等影响外，城市降雨季节分布不均匀，在非雨季降雨量较小，地表径流难以形成，在计算可收集雨水量时需要考虑季节折减系数；由于城市大气污染、地表污染等环境问题，初期径流污染较重，在计算中还需要考虑雨水的初期弃流量。实际可收集雨水量可以按照式（4-4）估算：

$$W_3=\Psi\times H\times A\times\alpha\times\beta\times 10^{-3} \tag{4-4}$$

式中 Ψ——径流系数；

H——年降水量（mm）；

A——汇水面积（m^2）；

α——季节折减系数；

β——初期弃流系数。

（1）降雨径流系数的确定

径流系数在不同的下垫面条件下存在差异，参照《室外排水设计标准》GB 50014-2021和《海绵城市雨水控制与利用工程设计规范》DB11/685-2021确定不同下垫面相应的雨水径流系数（表4-11），居住区道路路面材料有沥青、水泥砖、碎石等，相应径流系数存在差异，综合分析道路径流系数 Ψ 为0.85。

不同下垫面雨水径流系数 表4-11

下垫面种类	径流系数
各种屋面、混凝土或沥青路面	0.90
大块石铺砌面和沥青表面处理的碎石路面	0.60
级配碎石路面	0.45
干砌砖石或碎石路面	0.40
非铺砌土路面	0.30
公园或绿地	0.15
水面	1.00

（2）年降水量分析——以西安市为例

根据《建筑与小区雨水控制及利用工程技术规范》GB 50400-2016中规定，城市年降水量需要依据该地区近期10年以上年降水量的资料来确定。根据西安市1961～2018年降水量资料对西安市年降水量进行分析，数据统计来源于西安市气象局、西安市统计局、《西安统计年鉴》以及《西安年鉴》。

分析1961～2018年西安市逐年降水量可得：西安市年际降水量波动比较大，2000年之前总体呈现下降趋势，近20年整体逐渐出现上升趋势，经计算1961～2018年西安市年平均降水量为564.39mm。

1961～2018年西安市月平均降水量　表4-12

月份	降水量（mm）	比例（%）
1	7.15	1.27
2	10.67	1.89
3	24.26	4.30
4	52.87	9.37
5	65.98	11.69
6	63.21	11.20
7	86.87	15.39
8	76.10	13.48
9	98.62	17.47
10	44.82	7.94
11	29.16	5.17
12	4.68	0.83

分析表4-12中1961～2018年西安市月平均降水量可得：西安市夏季前后降雨较多，在4～9月份降水量比较多，占全年的78.6%，因此，α 取值0.786。β = 1-初期弃雨量 × 年利用降雨次数/年平均降雨量，西安市取值为0.86。其中7、8、9月份降雨量最多，均在13%以上，冬季降雨非常少，仅占全年降水量的3.99%。降水量在全年时间方面明显地不均匀，极易造成多雨季节雨水过剩，冬季少雨季节降雨不足，合理收集与利用雨水是十分有必要的。

（3）西安市汇水面种类划分

雨水资源收集主要包括四个方面：建筑屋面、路面、停车场和广场、绿地雨水收集。按照径流系数不同，主要汇水面有四大类：建筑屋面、道路、绿地、水景。雨水收集潜力计算根据建筑屋顶汇水特性计算，其中停车场和广场雨水收集可归为道路雨水收集。根据《城市水系规划规范》GB 50513-2009中规定，新建水体或者扩大现有水体的水域面积，应与城市的水资源条件和排涝需求相协调，可以按照城市适宜水域面积率来确定新增加水域面积（表4-13），严重缺水城市宜适当降低水域面积率指标。

城市适宜水域面积率　　表 4–13

城市区位	水域面积率（%）
一区城市	8 ～ 12
二区城市	3 ～ 8
三区城市	2 ～ 5

同时该规范将西安市确定为二区城市，其城市水域面积率适宜在3% ～ 8%范围内。为避免水资源浪费、高昂的管理维护费用、黄土易沉陷等原因，并结合西安市建设现状与经验，水域水景面积占用地面积的2%左右为宜。以西安市主城区住区为例，可计算其主要汇水面的面积（表4–14）。

西安市主城区住区汇水面的类型占比及面积　　表 4–14

汇水面类型	占比（%）	面积（km^2）
建筑屋面	78	115.53
道路	13	19.25
绿地	7	10.37
水景	2	2.96
居住区面积	100	148.11

综合以上分析可以得出：不同下垫面条件下径流系数Ψ表；西安市年降水量H为564.39mm；可收集雨水汇水面积A；季节折减系数 α 为0.786；初期弃流系数 β 为0.86。根据式（4–2）～式（4–4）计算可得西安市主城区居住区不同下垫面雨水利用潜力（表4–15）。

不同下垫面雨水利用潜力计算结果　　表 4–15

汇水面类型	面积（10^4m^2）	W_1（10^4m^3）	W_2（10^4m^3）	W_3（10^4m^3）
建筑屋面	11553.00	6520.40	5868.36	3966.78
道路	1925.00	1086.45	923.48	623.91
绿地	1037.00	585.27	87.79	59.34
水景	296.00	167.10	167.10	112.95
总计	14811.00	8359.22	7046.73	4762.98

通过计算可知西安市主城区的住区年降水总量多达$0.84 \times 10^8 m^3$，理论可收集雨水量为0.70×10^8 m^3，实际可收集量为0.48×10^8 m^3，理论上降雨总量84.3%可以被收集，然而实际上57.0%的降雨总量才被可收集。

以住区为例，建筑屋面和道路可收集雨水相对较多，分别占实际可收集降雨量的83.3%和13.1%，设置雨水存蓄设施，能够有效地减少雨水径流。绿地汇水面可收集雨水量较少，占实际可收集降雨量的1.3%，该区域大量的雨水通过自然下渗补充地下水，设置部分自然雨水调蓄设施，能够很好地补充地下水以及存蓄雨水。水景汇水面可收集降雨量占实际可收集降雨量的2.3%，其基本上雨水资源都能被收集，由于西安市缺水及气温等原因，雨水季节水量差异大及初期弃流的影响，雨水收集利用后合理净化才能保证全部用于水景设施。

城市建筑雨水资源利用应该采取就地利用原则，根据不同的汇水面和可以收集的降雨量，设置与之相应最适合的不同类型雨水设施，进行最大量的雨水资源收集与利用。根据《西安统计年鉴（2019）》统计2018年西安市全年供水总量9.04×10^8 m^3，如果将住区可收集雨水资源充分利用，能够节约5.3%以上的供水量，由此可见雨水资源收集与利用潜力巨大。

4.3.3　西安市建筑雨水收集潜力

汇水面种类的划分：

城市雨水汇水面可分为九类：Ⅰ类，旱地；Ⅱ类，路面（包括铁路和公路）、立交桥、广场等；Ⅲ类，河流、河道、渠、护城河、水产养殖场等；Ⅳ类，村庄；Ⅴ类，文教区；Ⅵ类，企事业、单位科技园以及商业区和居民区联系密切的区域等；Ⅶ类，苗圃种苗场、花园、植物园、公园、汉城墙遗址区等；Ⅷ类，城市居民区、街坊小区等，其中城市居民区是指单独的居住区，不包括和商业区联系密切的区域；Ⅸ类，度假村（表4-16）。各汇水面下渗量与径流系数不同，建筑密度越大则场地径流系数越大，建筑雨水收集的潜力也越大。GIS对各汇水面面积分布见图4-34。

西安市各汇水面积　　表 4-16

汇水面类型	Ⅰ	Ⅱ	Ⅲ	Ⅳ	Ⅴ	Ⅵ	Ⅶ	Ⅷ	Ⅸ	总面积
面积（10^4m^2）	10861	8955	1307	3324	2198	14052	4521	1978	49	47245
比例（%）	22.9	19	2.8	7	4.7	29.7	9.6	4.2	1	100

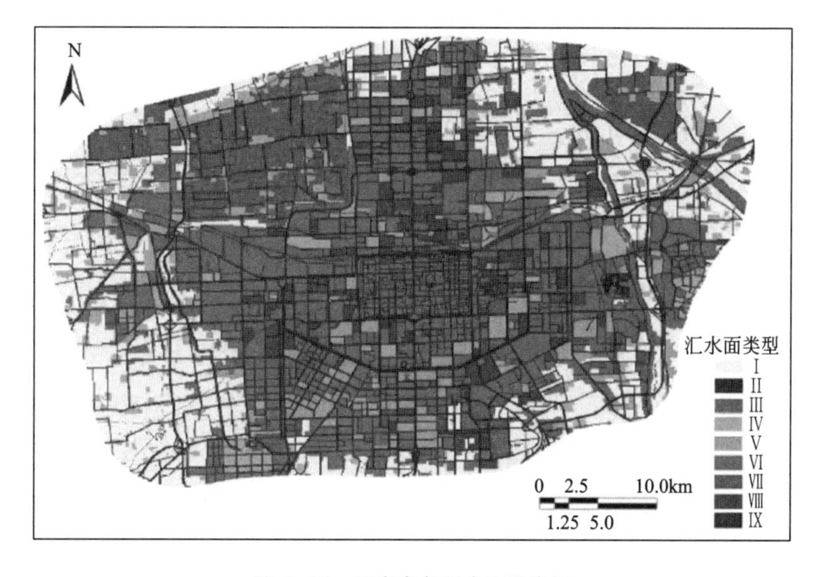

图 4-34　西安市各汇水面分布图

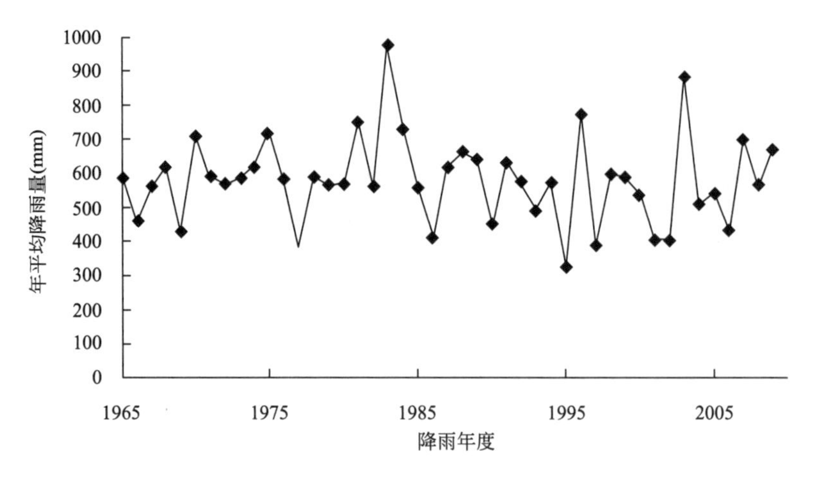

图 4-35　西安市近 45 年降雨时间序列图

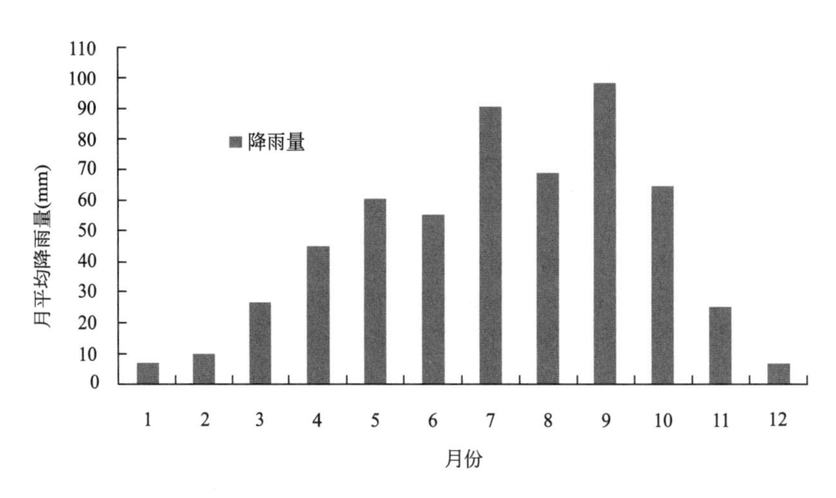

图 4-36　西安市近 45 年月平均降雨量柱形图

西安市近 45 年月平均降雨量　　表 4-17

月份	1	2	3	4	5	6	7	8	9	10	11	12
比例（%）	6.46	9.82	26.56	45.4	60.52	55.64	90.87	69.5	98.68	64.8	25.09	6.3

根据西安市近45年逐年降雨资料（图4–35、图4–36），近45年平均降雨量为580.6mm，1965～2010年西安市降雨年际波动较大，降雨量主要集中在春末至秋季初，5～10月份降雨量大，占全年降雨量的80%，其中以7、8、9三个月份最多（表4–17）。三个月降雨量占全年降雨量的接近40%，而冬季降雨极少，仅占全年降雨量的4.04%。大气降水作为陆地上各种形态水资源主要补给来源，雨水资源理论潜力应该为该流域的降水总量，计算方法依据式（4–5）：

$$R_t=P\times A\times 10^{-3} \tag{4-5}$$

式中　R_t——年雨水资源的理论潜力（m^3）；

P——年降雨量（mm）；

A——汇水面积（m^2）。

考虑到受自然条件和经济技术水平等许多因素的限制，实际收集利用的雨水资源比理论值要小。雨水资源实际收集潜力计算方法为：

$$R_a=P\times A\times \Psi\times a\times 10^{-3} \tag{4-6}$$

式中　R_a——年雨水资源实际收集潜力（m^3）；

P——年降雨量（mm）；

A——汇水面积（m^2）；

Ψ——径流系数；

a——季节折减系数。

近45年西安市年均降雨量580.6mm。降雨年内、年际差异较大，季节性降雨明显。降雨主要集中在5～10月，是雨水最佳收集利用时期，因此确定季节折减系数a=0.5。分别计算出降水保证率为50%和90%下西安市年降雨总量和实际可收集雨水量。

建筑面积大，径流系数也较大，因此收集雨水量也大，可以在建筑物配置雨水收集利用装置，就地利用，减少自来水的需求。从雨水资源总量来看，在降水保证率为50%的条件下，西安市年内雨水资源理论潜力高达$1.372\times10^8m^3$，实际可收集雨水资源潜力$0.423\times10^8m^3$；在保证率为90%条件下，年内雨水资源理论潜力高达$2.469\times10^8m^3$，实际可收集雨水资源潜力$0.762\times10^8m^3$。因此可计算出雨水资源理论潜力的30.88%是可以实际收集利用的。

根据上述西安市雨水收集潜力估算的结果，西安市在2005年的总用水量为$11.4\times10^8m^3$，现实可收集的雨水充分利用起来可节约6.67%的用水量，可见西安市雨水收集潜力巨大。

评价测算单位水资源价值按1.041元/m^3计。西安市城区面积500多平方公里，年平均降雨量在580.6mm，总人口800多万人。据统计，全市平均每人生活用水为5.61m^3/人×月。

以西安市雨水资源理论潜力为274304470m^3，雨水资源实际收集潜力为84638707m^2。核算西安市雨水资源总价值，西安市雨水理论潜力总价值=雨水资源理论潜力×单位水资源价值

$=274304470\times1.041$

$=2.8555\times10^8$（元）

西安市雨水实际收集潜力总价值=雨水资源实际收集潜力×单位水资源价值

$=84638707\times1.041$

$=0.881\times10^8$（元）

以城市供水投入成本核算雨水资源价值。

西安市目前南郊主要依靠黑河供水工程。2008年黑河引水系统共向市区供水2.2575亿m^3，平均日供水61.85万m^3，其中黑河金盆水库供水1.6327亿m^3，石头河水库供水2742万m^3，石砭峪水库供水2400万m^3，沣峪自流供水150万m^3，田峪自流供水410万m^3，就峪自流供水325万m^3，引乾济石调水工程供水220万m^3。经西安市物价局机构监审，2008年西安市城区供水成本分别为：黑河源水成本0.77元/m^3（不含固定资产折旧），自来水输配水成本1.41元/m^3（不含源水费）。西安市每平方米供水成本=黑河原水成本+自来水输配水成本。即：2.18元/m^3。利用雨水资源所节省的资金=西安市每平方米供水成本×西安市可收集雨水资源量

$=2.18\times84638707$

$=1.845\times10^8$元

由于西安市正在不断的建设中，城市供水的基础设施也在不断改善，上面只计算了城市供水最基本的成本，如果将西安市年内可收集雨水资源就地收集利用，保守估计一年将为西安市供水投入节约1.845×10^8元。

以自来水价格核算西安市雨水资源价值。

由于降雨条件的不确定性，每年水资源量各不相同，因此按照西安市近45年平均降雨量580.6mm的降雨量为核算标准，以自来水价格核算雨水资源总价值额=当前自来水价格×雨水资源总量。按照西安市物价局2007年调整后的平均水价3.55元/m^3。西安市雨水资源实际收集潜力84638707m^3。

以自来水价格核算雨水资源总价值额=当前自来水价格×雨水资源总量

$=3.55\times84638707$

$=3.005\times10^8$元

通过对西安市雨水资源从总量上和价值上进行估算和分析，依据西安市近45年降雨资料，西安市年平均降雨量在500～600mm，降雨主要集中在5～10月，按照公式$R_t=P\times A\times10^{-3}$和$R_a=P\times A\times\Psi\times a$分别计算出西安市雨水资源理论潜力值是274304470m^3和雨水资源实际收集潜力值是76174836m^3。雨水资源加之包括本身价值外，存在其经济价值，西安市单位水资源价值1.041元/m^3。可收集雨水资源价值0.881×10^8元。按照西安市供水投入成本核算雨水资源价值为1.845×10^8元。而根据西安市现行自来水水价核算出可收集雨水资源价值为3.005×10^8元，亦可见雨水资源利用价值相当可观。

以西安市自然环境为背景对具有雨水利用功能的建筑现状、问题与雨水利用潜力的分析方法，可以用于分析其他城市，在明确城市自然、人工环境的基础上，建筑屋顶雨水利用方法和策略具有更强的针对性。

第5章　具有雨水利用功能的建筑屋顶设计方法与策略

具有雨水利用功能的建筑屋顶设计方法与策略的提出是在明确其构建基础后分别针对各影响因素提出的。

5.1　具有雨水利用功能的建筑屋顶设计策略构建基础

农村土壤组成和质地以及坡度是影响雨水渗透的主要因素，地表为林地、草地和农田等（表5–1）覆盖会使地表径流大幅度改变。地表径流速度、流量增加，洪峰频率和流量大幅度增加，也会导致财产损失、水质恶化、河道侵蚀和栖息地退化等。径流系数是一次降水在渗透发生后地表径流所占有的比例，可以反映地表的综合情况，用于对计划开发区域整个流域性能、地表径流及河流排水情况预测与评价，减少开发行为对环境的影响，城市不同区域径流系数见表5–2。

农村地区径流系数　　表5–1

地形和植被		沙壤土	粉壤土	黏土
林地	平地（坡度0～5%）	0.1	0.3	0.4
	起伏地面（坡度5%～10%）	0.25	0.35	0.5
	多山地面（坡度10%～30%）	0.3	0.5	0.6
草地	平地（坡度0～5%）	0.1	0.3	0.4
	起伏地面（坡度5%～10%）	0.16	0.36	0.55
	多山地面（坡度10%～30%）	0.22	0.42	0.6
农田	平地（坡度0～5%）	0.3	0.5	0.6
	起伏地面（坡度5%～10%）	0.4	0.6	0.7
	多山地面（坡度10%～30%）	0.52	0.72	0.82

城市不同区域径流系数　　表 5-2

城市区域		径流系数
商业区	商业中心	0.70 ～ 0.95
	购物中心	0.70 ～ 0.95
居住区	单户（5 ～ 7户/英亩）	0.35 ～ 0.50
	多户联住	0.60 ～ 0.75
	郊区（1 ～ 4户/英亩）	0.20 ～ 0.40
工业区	轻工业区	0.50 ～ 0.80
	重工业区	0.60 ～ 0.90
公园、墓地		0.10 ～ 0.25
运动场		0.20 ～ 0.40

5.1.1　城镇雨水循环现状与问题的成因分析

由于城市雨水排放系统设计重现期一般地区为1年，重要地区为2 ～ 3年，超出重现期设计负荷的大暴雨会导致道路积水等问题，城市地面硬化使降落在建筑或硬化区域的雨水不能以自然方式进入地下空间的水循环中，导致土壤含水率发生巨大变化，地下水量大大减少。同时汇水面性质对径流水质有重要影响，道路径流水质主要取决于路面污染状况，随机性和变化幅度更大。市区主要交通道路的污染物及其种类，一般比居住区路面多且污染严重。屋面采用沥青油毡屋面（平顶）较瓦屋面（坡顶）而言，油毡屋面水质明显比瓦屋面污染严重，瓦屋面的雨水径流水质比较稳定，而油毡屋面的雨水随降雨的冲刷和稀释，水质变化幅度很大，不同类型屋面材料的性质、新旧程度等也是水质污染程度变化的重要原因。屋面材料改良使初期径流水质有明显改善。屋面径流污染最严重发生在夏季高温期和每年最初的几场雨，夏季高温及强烈日光的照射，黑色的沥青油毡极易吸热变软，且容易老化分解，而沥青为成分复杂的石油副产品，许多污染物质可能溶入雨水。高温强辐射加剧屋面材料分解，也带来雨水径流的*COD*升高，可溶解的难降解有机物，BOD_5 / *COD*值一般为0.1 ～ 0.2，道路径流水质因定期清扫和路面材料等原因，污染程度受季节、降水量和气温的影响程度小于屋面。

雨水作为重要的淡水资源，因降雨时间、空间和强度分布不均，其雨水收集利用难度大，加之不同地区气候、下垫面差异大，雨水集蓄利用并未普及，仅在经济、环境、资源效益较大的区域利用可行技术、较少投资进行尝试性利用。城市雨水循环依然以排放为主，城市雨水资源系统、多元利用技术的研究产业化推广不仅需要法律法规的保障，还需要协同进行地表水和地下水利用为主的建筑水治理，这不仅是观念的变革还是雨水处理、回用系统及管理措施的革新。我国在回灌技术、城市雨水工程仅停留在管道排除上，也缺乏对城市雨水资源利用的系统研究，雨水收集、蓄存、回灌及综合利用方面更缺少系统规划和工程设施的建设。

我国水法在雨水收集利用方面的总体指导需要针对地域、气候特点进行目标实施细则以及措施的细化，我国现行的水资源评价体系应深入基于雨水、地表水和地下水组成的水资源平衡关系进行，找出系统的薄弱环节予以强调，为实现实践上重点突破与系统指导打下基础。建立雨水循环利用评价奖励机制、资金落实到位，可以大大推动我国的雨水利用。

5.1.2　建筑屋顶雨水利用系统的基本模式

Jerry Yudelso提出的绿色建筑“零用水”构建了建筑雨水收集、中水回用、污水净化处理保持场地原有水平衡的目标，并通过技术手段直接收集雨水进行处理回用，在建筑区域内部进行消解循环，其中建筑屋顶上的雨水花园通过培育植物，进而削减洪峰，净化雨水美化环境，建筑内设备进行“雨水回用”，将雨水对排水管网的压力转化为生活和生产用水，建筑雨水收集后结合新科技和生物因素，对由空气进入雨水的硫、碳、氮等元素，进行有害物的降解净化，获得氮、硫等植物生长必不可少的营养物质，促进植物的生长，减少雨水对城市的危害。有效控制雨水径流汇集的速度，过滤地表细小物体，使流至城市地下排水系统的雨水量速度下降，减少资源浪费和环境污染，建筑增加了雨水疏流的路径，为排水和材料透水争取了宝贵的时间，减少内涝形成。上述建筑雨水利用过程内在的逻辑是在细化建筑不同空间用水标准的基础上，利用建筑围护界面汇集、净化雨水，重塑建筑供排水系统，完善建筑以利用非常规水资源，提升单体建筑水资源自给率，带动城镇建筑可持续发展。

5.1.3　建筑雨水利用系统社会、经济、生态耦合效应的产生

具有雨水利用功能的建筑屋顶雨水系统基本模式的建立明确了建筑表皮集水、内部空间用水、立体绿化净水等要素之间的关系以及建筑雨水系统运行的功能、位置、容量、水质和水量状态（图5-1），是具有雨水利用建筑屋顶设计方法和策略的理论基础。

建筑对场地的覆盖增加，减少了雨水下渗的面积，屋顶绿化改造能够增加城市绿化面积吸收雨水，削减洪峰发生的强度，改善城市温湿度和空气质量，屋顶雨洪调控设施可节约绿化用水，实现生态效益。建筑屋顶生态效益的整合可实现城市雨水管理效果，缓解城市内涝①。结合墙体场地收集、储存和利用雨水，将自然途径与人工措施相结合，使雨水最大限度地在城市区域的积存、渗透和净化，促进雨水资源的利用和生态环境保护，确保城市排水防涝安全。具有雨水利用功能的建筑可统筹自然降水、地表水和地下水之间的复杂关系，协调给水、排水等水循环利用各环节，确保本地原有的水平衡状态。具有雨水利用功能的建筑是从源头、传输、终端全过程模拟地表自然水的循环过程，改善城市水生态环境并增加水系统的弹性。

有测试显示屋顶绿化可使夏季冬季建筑物顶层温度维持在相对恒温状态，30cm厚的介质可让屋顶雨水滞留15～30cm，可减少资源的浪费与调节雨水径流。建筑屋顶表面植

---

① “城市内涝”是指强降水或连续性降水超过城市排水能力致使城市内产生积水灾害的现象。

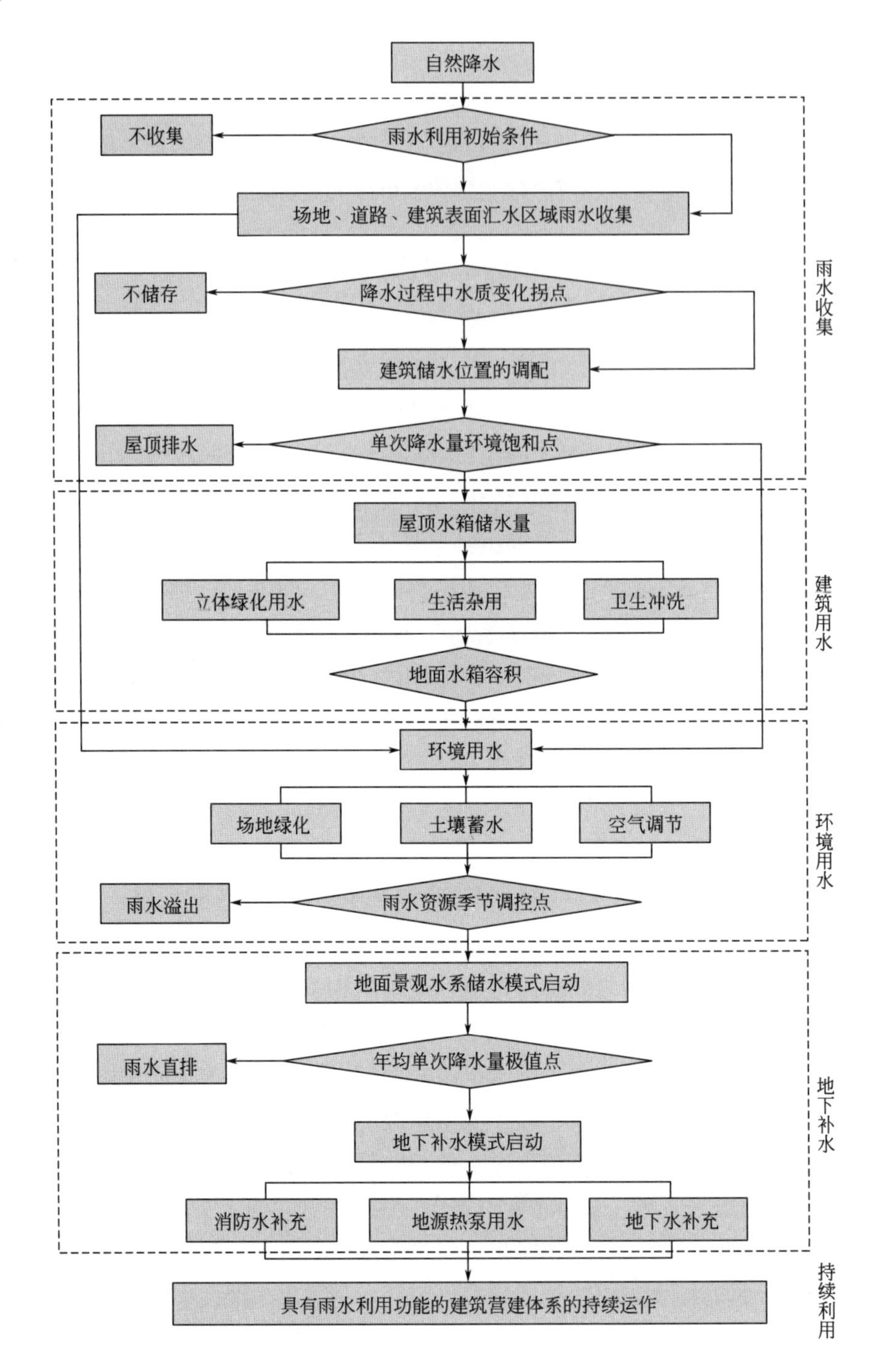

图 5-1　具有雨水利用功能的建筑雨水系统的基本模式

被吸收雨水，通过植物根系净化过滤，底层的轻质土层、防根系穿透层、排水层以及防水层等多层保护结构，在保护建筑表层的同时，调节建筑内部温度，植物可以吸收建筑释放的热量，缓解城市热岛效应，形成良好的城市景观，提升城市的整体绿化率。旧建筑屋顶裸露无保护，建筑表皮老化，严重影响到建筑的使用寿命，维护应明确屋顶功能，增加保护层避免阳光暴晒下屋顶老化，在结构允许的情况下增加种植层可减少雨水径流，降低城市热岛效应，降低城市内涝风险，可在节水的同时还能改善环境，缓解水资源短缺的问题。由于屋顶空间设计是从建筑角度上影响城市雨洪调控效应，在新城建设与老旧城区更新中从建筑设计角度对商业、文教、居住等不同类型建筑的屋顶进行雨水的调控技术的深入实践，将建筑屋顶功能由遮风挡雨、隔声隔热拓展至建筑屋顶空间作为户外活动场地，在西北城市资源匮乏的状态下赋予建筑屋顶雨水利用、日常活动、观赏功能，实现经济价值与创新性是解决雨洪内涝等城市问题的全新方法。

5.2 具有雨水利用功能的建筑屋顶设计的影响因素

建筑屋顶功能应包括以下几方面：（1）扩大绿色空间，增加绿地面积，净化空气，缓解城市“热岛效应”。（2）为人们提供日常娱乐活动场所，提升生活质量。（3）隔热降温调节建筑内部温度，应用屋顶绿化技术可以缓解建筑内部极端温度值。（4）改善城市面貌，丰富建筑形态和空间利用率，促进城市可持续发展。（5）收集利用雨水资源，截留调节雨水径流，缓解城市内涝情况。根据地域降水情况和建筑的基础条件，结合建筑屋顶、场地、道路、绿化等区域雨水水质水量状况确立建筑储水、溢水开启的边界条件，为具有雨水利用能力的建筑的设计策略方法提供依据。

当前建筑屋顶的雨洪调控能力弱，雨水收集利用几乎没有得到关注和实施。屋顶简单排水构造、不透水材料铺装等做法导致屋面蓄水能力差、屋顶绿化植物缺乏科学选取、屋面铺装透水能力差等问题。同时屋顶雨水利用大大增加了设计的难度，使屋顶单一功能转化为系统性设计满足多元功能，从水的重力排除设计转到水生态设计，水在土壤、叶片、蓄水空间之间系统循环设计，屋顶简单防水构造变为种植基质的布设。

可达性好的屋顶因受到人们更多关注才有了持续维护的可能与对持续廉价水资源的需求，进而有了蓄滞雨水的可能，仅从生态角度的雨水滞留缺乏人们行动时的支持与监督，导致对美好愿景推动力不足。更美好和高效利用水资源的建筑屋顶前期投入和后期养护成本会大幅度增加，且需要稳定的人、财、物的投入以及技术的支持，前期根据气候正确定位和植物选择是后期良好运转的基础。屋面得到良好利用的屋顶排水方式和形象应根据屋顶功能、空间、要素的变化进行相应的调整，达到良好的雨水利用和排放的目的。建筑屋顶三种状态为完全未开发利用、开发利用后废弃、完全开发运营，屋顶空间的可达性、辨识度、开放性、生态性、功能性和美感应在设计中统一考虑。建筑屋顶形态现状、平面功能组织现状、屋顶绿化现状、屋顶排水现状、屋顶防水现状中设备空间处理方式混乱、屋顶空间利用率低、屋顶空间设计整体性不高、屋顶空间开放度低、雨水径流调控能力差、景观绿化单一、排水形式粗放和蓄水能力较差等是具有雨水利用功能的建筑屋顶设计的难题。具有雨水利用功能的建筑屋顶设计优化需对比提出有效的优化设计方向。

降雨强度的不同是影响屋顶径流调控的气候因素。花园屋顶、草坪屋顶与全硬质铺地屋顶的径流，在相同降雨条件下屋顶各个汇水区由于面积的不同产生了不同的径流量，并且径流量与汇水区的面积呈现出正相关。在不同降雨条件下，屋顶的总径流也随着降雨强度的增加而增加。硬质屋顶没有任何雨水径流调控效果。在草坪屋顶的情况下，在相同降雨强度的情况下屋顶各个汇水区出现了不同的径流量。在降雨强度不同的情况下，草坪屋顶在一定程度上推迟了洪峰的产生时间，同时对洪峰产生了分流作用，起到减少洪涝灾害的作用。花园屋顶情况下，在相同降雨强度的情况下屋顶绿化区域汇水区径流较小，在降雨强度不同的情况下，花园屋顶在一定程度上推迟了洪峰的产生时间，同时对洪峰产生了分流作用，说明花园屋顶对于区域内洪涝灾害的减少具有较强的作用效果。基质厚度越厚对强降水量调控能力越强，随着降雨强度的增加，洪峰径流逐渐增加，花园屋顶相比于草坪屋顶的径流调控能力更强。

建筑屋顶排水体系对雨水径流调控的影响主要体现在屋顶排水坡度和屋顶排水路径上，屋顶坡度会影响屋顶雨水吸收能力，过大的屋顶坡度会加快雨水径流，从而影响屋顶雨水的径流量，从而影响调控能力。坡度越小所产生的径流量越小，这是因为坡度越大则会越不利于雨水的吸收和储存，反而加速屋顶雨水的排出，从而增加了径流量。可以看出，绿色屋顶的雨水调控能力跟降雨的强度大小呈现出负相关，主要原因是屋顶的土壤基质层可以吸收的雨水是有限的，在降雨强度不大时，绿色屋顶基本可以吸收大部分的降雨，绿色屋顶就不会发生产流；但当降雨强度过大时，绿色屋顶吸水量便会超过其蓄水能力，雨水无法被吸收就会通过屋顶产流排向地表。建筑不同类型屋顶、屋顶不同厚度基质层、屋顶不同排水体系对雨水利用效果的影响不同。

5.3 具有雨水利用功能的建筑屋顶设计策略与措施

具有雨水利用功能的建筑设计的重点包括建筑场地设计、道路组织、形态布置、功能布局、表皮处理、立体绿化、雨水系统等内容，针对不同降水状况，通过塑造围护表皮（屋顶、墙面）形态，划分建筑非饮用水区域，构建雨水控-净-用相结合的管网系统，有助于明确建筑策划、设计、施工、运维过程中雨水水质水量管理注意的要点。具有雨水资源利用功能的建筑屋顶设计在城镇特色创造、生态环境补益和建筑可持续发展等方面具有重要价值。

具有雨水利用功能的建筑屋顶在明晰雨水可持续利用-建筑功能系统完善-雨水利用技术集成的契合关系的基础上，明确不同类型降水条件下建筑非饮用水区域、立体绿化、消防水箱等位置雨水利用的规律，为具有雨水利用能力的建筑设计方法和策略建立提供了依据。基于建筑屋顶、墙体、内部空间及雨水系统等要素的材料、构造、细部设计规范的构建为实现具有雨水利用功能的建筑屋顶设计策略在城镇建设领域的示范和广泛应用打下了基础。

5.3.1 具有雨水利用功能的建筑屋顶形态设计策略

建筑形态应满足建筑功能属性、造型需求、标志效果等要求，其组合方式不同可分为集中式、跌落式、分散式，建筑屋顶按形态分为平屋顶、坡屋顶和组合式屋顶，高层建筑屋顶的蒸发量增大、辐射强、温度变化幅度增加。

集中式建筑形态的建筑体形系数一般较低，较适合严寒地区、夏热冬冷地区，大面积连片屋顶内部空间的采光多以中心庭院解决。集中式建筑大面积斜坡屋顶在暴雨中会快速排出雨水，减弱绿色屋顶对雨水径流调控的能力，增加地面雨水径流，较大坡度的屋顶（2%以上）使雨水快速排出，径流调控效果较差。通过局部采用坡屋顶形式，形成平坡组合的屋顶形态，既可以通过增加屋顶花园基质厚度来形成坡度，吸收和减缓坡屋顶排出的雨水径流，也可以营造一定的高差既丰富室内空间的形态，形成阶梯式屋顶空间延长雨水径流路径，增加绿色屋顶的雨水调控能力。以泰国国立政法学院的屋顶农场为例，利用现代绿化技术将集中式屋顶转化为梯田状阶梯形，大大提高雨水收集、过滤和利用率，同时缓解径流，以化整为零，以增加屋顶表面积的方式利用更多的雨水（表5–3）。

建筑屋顶在建筑雨水调控中起主导作用，集中式建筑由屋顶集流雨水后进行分流，接收到的雨水经屋顶花园吸收、蓄积、排入建筑下层及地面，再进行重复吸收、过滤和蓄积利用后多余的汇入市政管道。坡屋顶中部增加蓄水空间为雨水后期利用创造最大可能，倒梯形、退台式等屋顶形式可以延长雨水径流路径从而产生更好的洪峰调控效果。屋顶绿化基质兼具雨水蓄用功能，屋顶绿化吸收过滤雨水后将多余的雨水通过管道排向地面，一定的高差可延缓雨水径流速度，同时在地面设置生态花园接收屋顶溢流的雨水以增加雨洪调控能力。

跌落式建筑形态复杂体形系数较高（图5–2），高度不同的多个体量层层退台使建筑能耗较大（表5–4），其形态灵活多变，尤其是其丰富的室外可形成多入口建筑空间，室内与室外连通的多路径空间削弱了建筑体量，给人宜人的空间感受。相比于集中式建筑，屋顶退台空中花园可设置屋顶花园，夏季吸收光热、冬季减少室内温度散失，从而降低建筑物总能耗。逐层跌落的屋顶增加了雨水径流汇集时间和路程，为再利用提供了可能。雨水逐层到达各屋顶，屋顶花园的土壤和植物吸蓄雨水，当土壤基质吸收量达到峰值后雨水开始通过排水口向外溢出，雨水逐层排放最后到达地面，水量在不断集蓄利用中锐减，实现雨水径流削峰延迟的效果。各层屋顶的汇水区、坡度和排水路径不会过大，大大减少了对结构的影响，得到阶段性缓冲的雨水汇集至地面雨水花园的速度减弱有利于雨水进一步下渗。

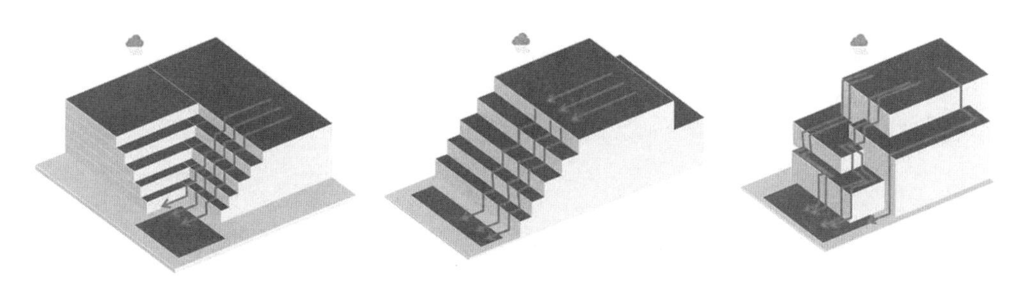

图5–2　跌落式屋顶雨水径流

集中式建筑屋顶案例 表 5–3

建筑案例	建筑屋顶实景图	屋顶雨水系统示意图
中国成都市高新区文化中心		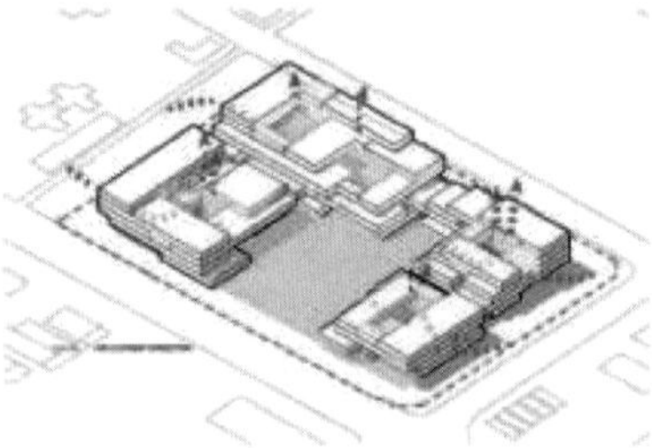
中国西安市曲江创意谷		
中国上海市徐汇区绿地缤纷城		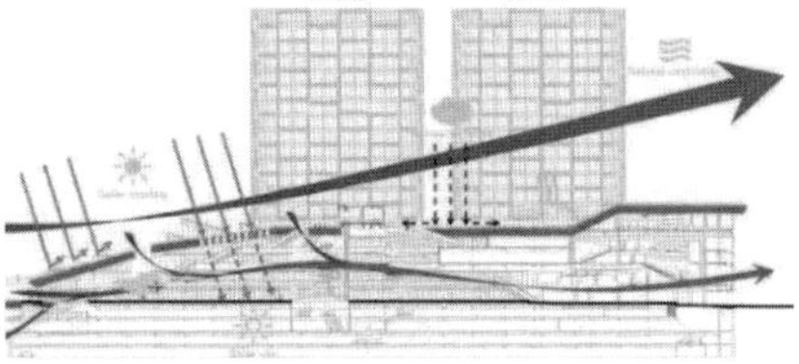
泰国国立政法大学		

续表

建筑案例	建筑屋顶实景图	屋顶雨水系统示意图
土耳其Ulus Savoy住宅区		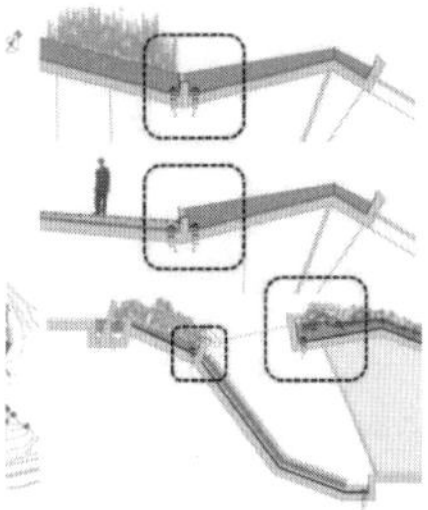

跌落式建筑屋顶形态 表5–4

项目名称	中国成都市万象城	伊斯坦布尔左鲁中心	日本阿克洛斯屋顶花园	中国南宁市方圆荟
项目效果				
建筑屋顶形式	退台重叠式	重叠式	退台式	退台式
雨水调控模式	屋顶绿化+屋顶活动平台收集	屋顶花园+屋顶活动平台收集	屋顶绿化	屋顶花园+屋顶平台酒店
建筑功能	商业+餐饮	商业+剧场+公寓	商业+餐饮	商业+餐饮

分散式建筑各单体可以是整体屋面也可以是退台屋面（表5–5），其屋顶室外空间可形成多层次立体动线将分散的屋顶空间连接起来，增强各层建筑及其屋顶的可达性。其屋顶分流雨水的能力较前两种建筑类型余地更大，由于其建筑体量较大而增加了雨水排放路径，分散的建筑体量可以提供屋顶到地面雨水径流多样化的路径，通过延长雨水径流时间和路径增加雨水的吸收效率，可起到有效缓解城市雨洪压力的作用。图5–3所示为多级屋顶空间对雨水消纳吸收达到饱和值后，通过屋顶雨水设施传输至内部庭院及外围绿地再次入渗、储存和吸收，最终各个体量的雨水汇聚到中庭地面，从屋顶到地面立体雨水花园储存吸收，吸收模式与城市雨水系统的灵活衔接对缓解城市内涝具有重要作用。

分散式建筑屋顶形态 表 5–5

项目名称	中国杭州市天目里	中国西安市曲江创意谷	中国上海市前滩太古里	日本难波公园商业综合体
项目效果				
建筑形式	分散式	分散式	分散式	分散式
功能业态	办公+商业	商业+餐饮+办公	商业+餐饮+办公+酒店	公园+商业
屋顶功能	屋顶绿化	屋顶花园	屋顶花园+屋顶平台	屋顶公园

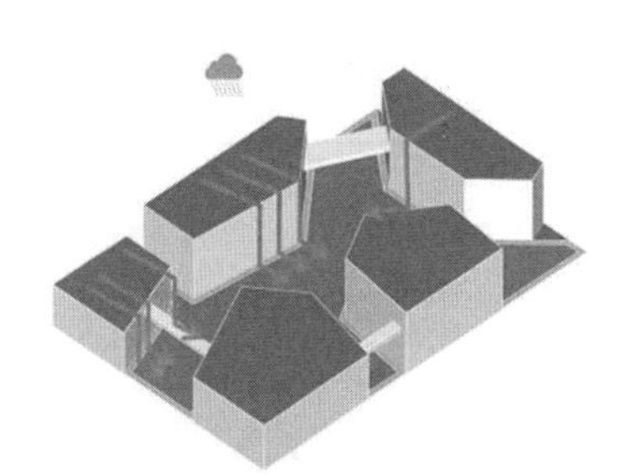

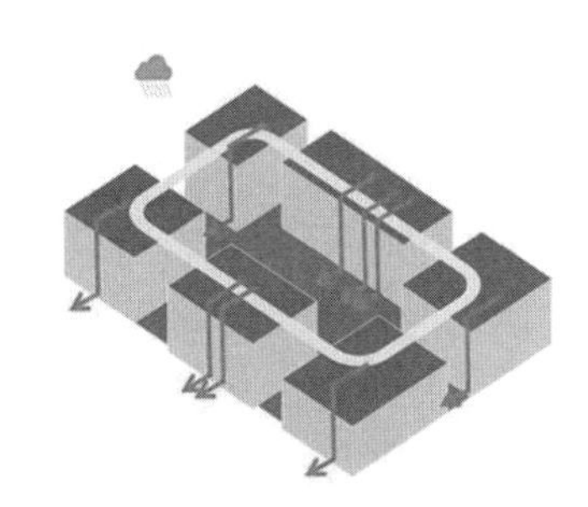

图 5–3 分散式建筑屋顶雨水径流

具有雨水利用功能的建筑屋顶形态应结合气候确定集中、跌落和分散，平屋顶和坡屋顶对应的设计策略，形态保证保温、隔热、雨水利用、有良好可达性和使用维护效果。

5.3.2 具有雨水利用功能的建筑屋顶确保结构安全的策略

按照《种植屋面工程技术规程》JGJ 155—2013，草坪式种植外墙的荷载必须符合相关规定，不得低于规定的最低标准。具有雨水利用功能的建筑改造项目设计施工不能根据原有结构设计的理论值，应基于对屋顶负荷能力实际测试结果，主要由于建筑在使用过程中的老化会使其最大承载力发生变化，相较于地面绿化形式设计难度更大，多工种配合要求更高，结构专业的提前介入成为必然。新的设计流程的建立成为必须，首先应实测建筑结构最大承载力；之后按绿化植被标准荷载选用种植方式，草坪式的屋面荷载不小于1.0 kN/m^2，花园式种植房屋的负荷应不低于3.0 kN/m^2；建筑荷载还要考虑上人屋面活荷载人员容量与活动方式，以确保建筑结构安全和稳定；同时在后期管理上应考虑植物生长和特殊气候条件产生的风、雨及温度等因素对结构安全造成的影响，定期养护以确保植物的生长状态与美观（表5–6、表5–7）。

屋顶不同植被荷载值　　表 5–6

类型	株高	荷载值
地被	0.2m	15 ～ 30kg/m^2
草皮	—	10 ～ 15kg/m^2
低灌木	0.2 ～ 0.3m	35kg/m^2
中灌木	0.4 ～ 0.6m	40kg/m^2
高灌木	1.2 ～ 2.0m	50 ～ 60kg/m^2
小乔木	2.0m	30kg/ 株
中乔木	4.0m	200kg/ 株
大乔木	6.0m	500kg/ 株

屋顶不同材料的荷载　　表 5–7

分类	序号	材料名称	荷重（t/m^2）
基质土壤层	1	天然土	1.6
	2	半轻质土	1.2 ～ 1.4
	3	轻质土	1.8
	4	素土夯实	1.8
垫层	1	水泥石屑	2.1
	2	细石混凝土	2.2
	3	钢筋混凝土	2.5
	4	水泥砂浆	2.3
屋面层	1	石材	2.2 ～ 2.5
	2	花岗石板	2.8
	3	地砖	2.2
	4	木材	1.2
	5	地砖	2.2
	6	木材	1.2
排水层	1	卵石、粗砂排水层	1.7 ～ 2.1
	2	陶粒排水层	1.0 ～ 1.1

建筑屋顶上的蓄水池、喷泉等景观小品应依据其深度与池壁材质共同计算荷载，水深10cm每平方米的重量为100 kg，水深达到30cm时，池底压力约300kg/m^2。池壁（金属、

塑料、瓷砖、混凝土等）重量应与水共同计算出每平方米负荷。屋顶亭、廊、小品等构筑物的荷载应考虑至基座，其位置接近承重墙体、梁、柱等承压构件位置，避免楼板中部受拉产生过大集中负荷和应力变形。考虑到横向风力作用应在不影响防水保温层的基础上与主体建筑固定。屋顶通道设置应考虑对排水路径的影响，采用轻质铺装。表5–8中列出了相关材料的密度参考值。

材料密度参考表　　表5–8

材料	密度（kg/m³）	材料	密度（kg/m³）
混凝土	2500	钢质材料	7800
水泥砂浆	2350	铝	2700
卵石	1900	陶粒	300
红砖	2000	粗砂	1946
青石板	2590 ～ 2900	铜	8318
花岗石	2757	玻璃	约2300
大理石	2757	水	1000
木质材料	800/600		

具有雨水利用功能的建筑在初始设计阶段减轻自重并适当提高结构承载能力，既可增加安全性，又为建筑雨水收集、植物固碳、灵活使用等性能提升创造可能。采用轻质高强材料代替传统屋顶低性能保温、隔热、找坡等材料可明显降低屋面结构荷载；采用中小型花灌木、地被花卉、草本植物和轻质基质也可以在保证种植效果的同时降低绿化的荷载；水泥、竹、木、铝、玻璃钢等轻质高强建筑材料用于各种小品（凉亭、棚架、假山石、家具及户外照明灯等）可大大减轻自重与建设成本；塑料材料的耐久性应被充分考虑，大规模更新会造成屋顶的破坏；亭台、假山、水池等构件应布置在建筑主梁、柱、承重墙等垂直承重构件附近，便于重力荷载向基础更安全传递。

5.3.3 具有雨水利用功能的建筑屋顶雨水系统设计策略

雨水调控效果受到雨水径流路径的影响，屋顶雨水分直排、透水、不透水三种排水路径（图5–4），代表着屋顶排水沟和排水方向与透水绿地、不透水道路场地（透水区域、不透水区域）的不同空间组合方式，通过调节空间组合改变雨水至汇水口的路径从而达到径流调控效果最大化，减少屋顶空间雨水的径流量。屋顶雨水直排路径指雨水分别穿越平行布置透水区或不透水区进入排水口（图5–5）。屋顶雨水非渗透性排水路径指屋顶排水路径垂直穿越透水与不透水区域进入排水口。

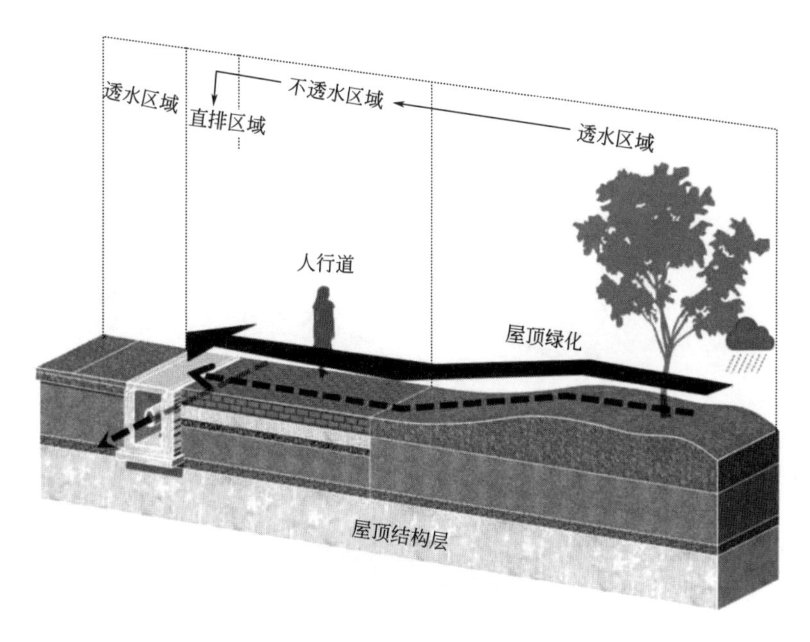

图 5-4 三种排水路径组合方式

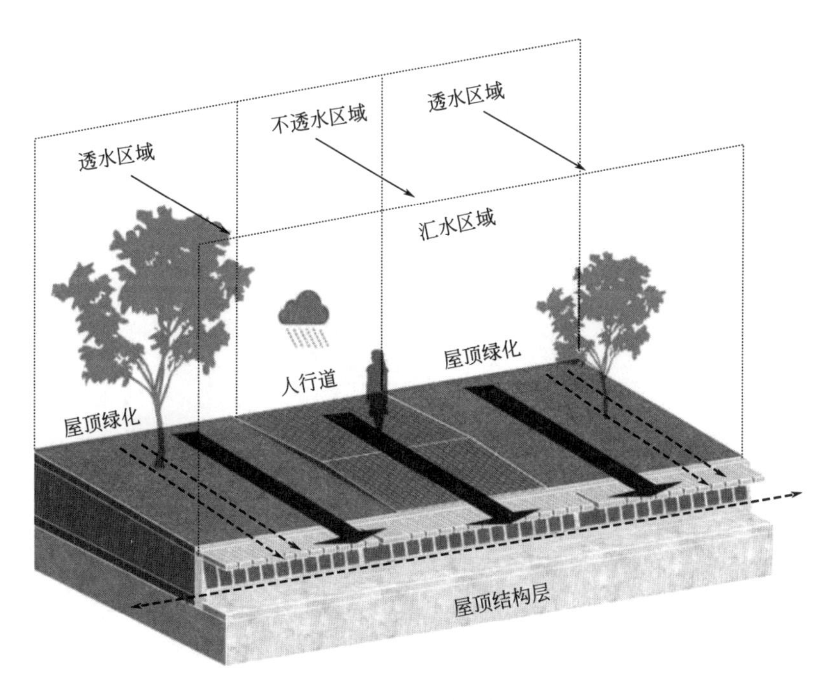

图 5-5 排水路径

建筑屋顶不透水区域包括道路、活动场地、绿地等，透水空间与道路、场地等不透水空间通过汇排水路径的组织时，铺装材料的选择、几何线条嵌入排水口、鹅卵石、砾石等隐藏排水口等方式，能够大幅度增加庭院的美观。不同空间组合情况下的透水区、不透水区和汇水区域的设计类型及雨水径流模式总结见表5-9、表5-10。

道路空间雨水径流模式　　表 5-9

组合类型	类型	示意图
透水路径	卵石线条呼应排水口形式	
	雨水径流模式	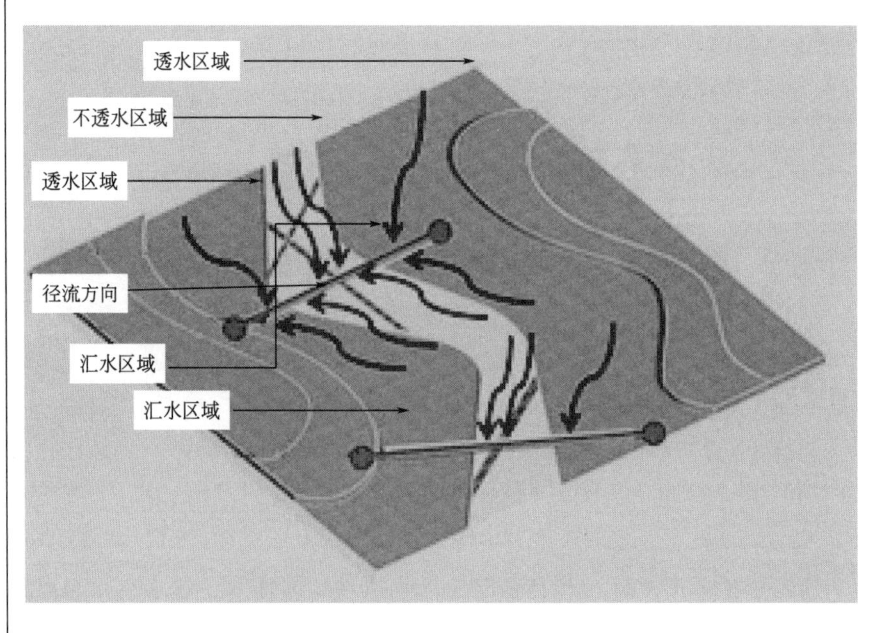

续表

组合类型	类型	示意图
透水路径	卵石铺地隐藏排水口形式	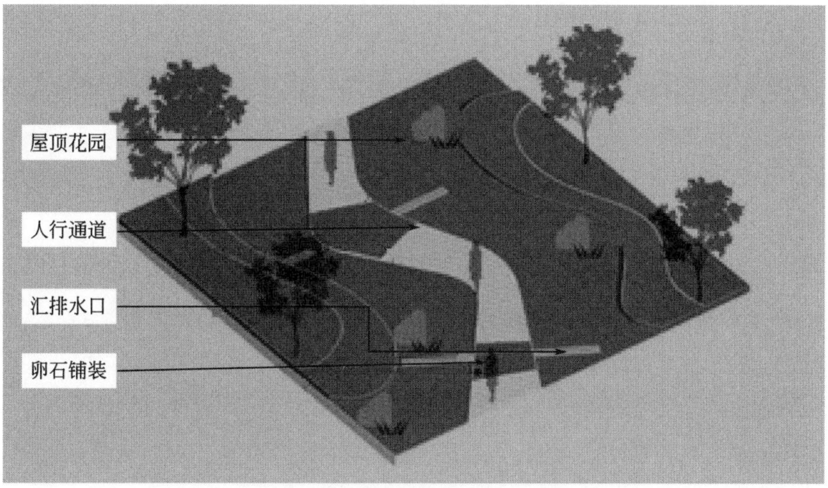 屋顶花园 人行通道 汇排水口 卵石铺装
	雨水径流模式	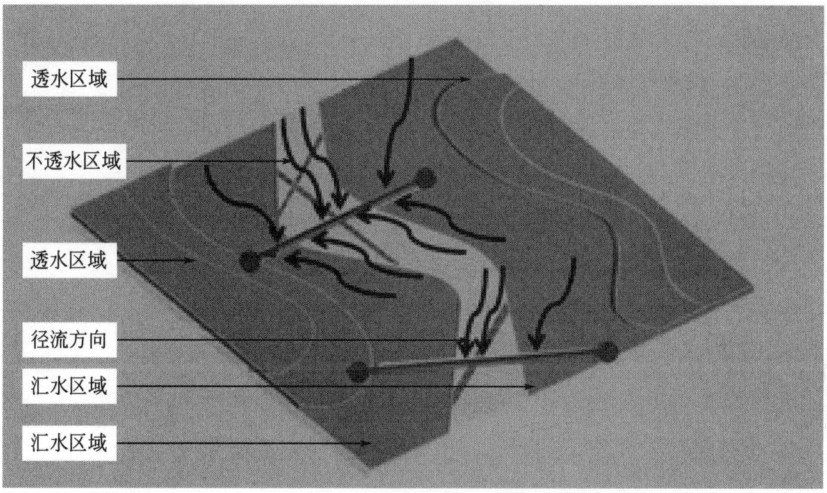 透水区域 不透水区域 透水区域 径流方向 汇水区域 汇水区域
	汀步铺地隐藏排水口形式	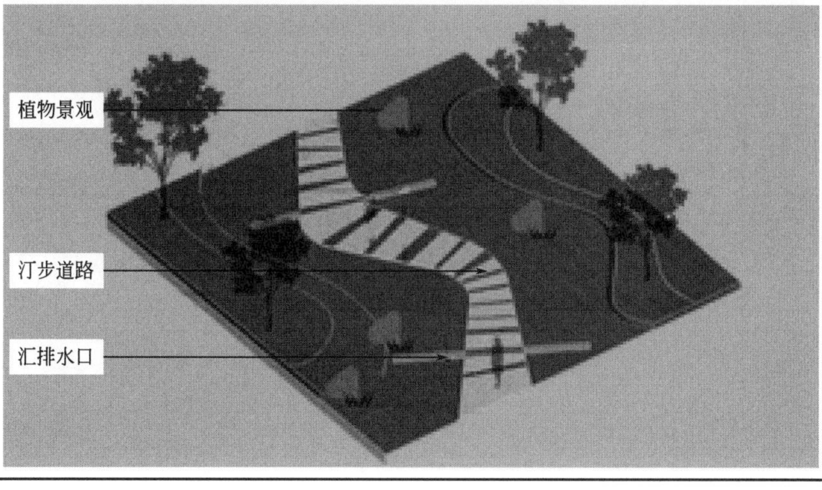 植物景观 汀步道路 汇排水口

续表

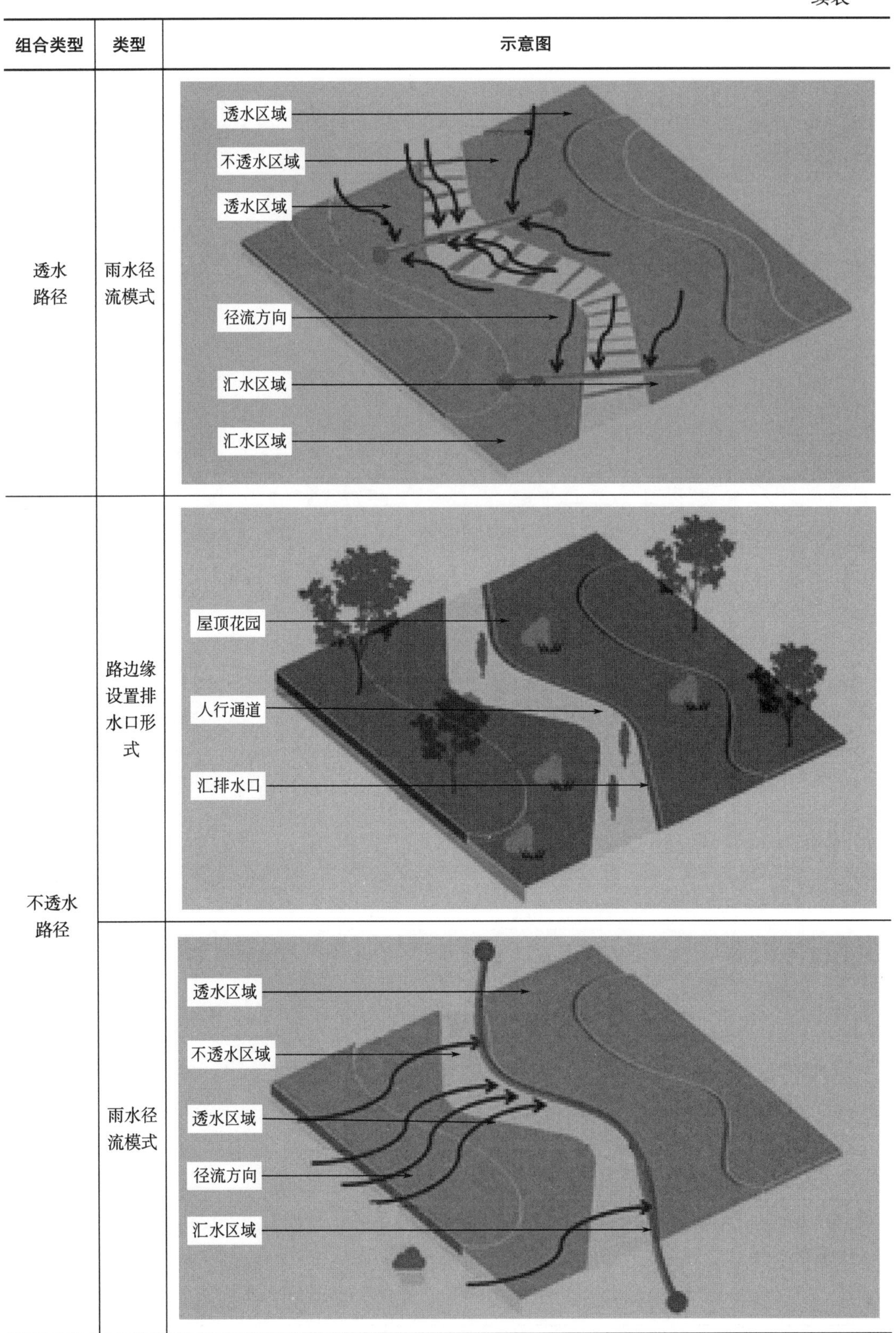

组合类型	类型	示意图
透水路径	雨水径流模式	
不透水路径	路边缘设置排水口形式	
	雨水径流模式	

活动空间雨水径流模式　　表 5-10

组合类型	类型	示意图
透水路径	场地交接处设置排水口形式	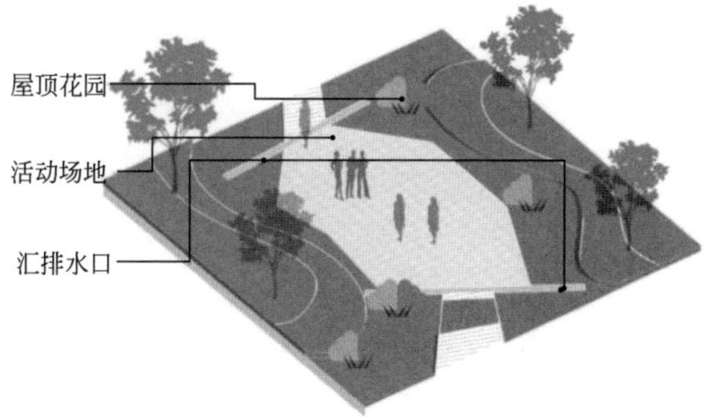 屋顶花园 活动场地 汇排水口
	雨水径流模式	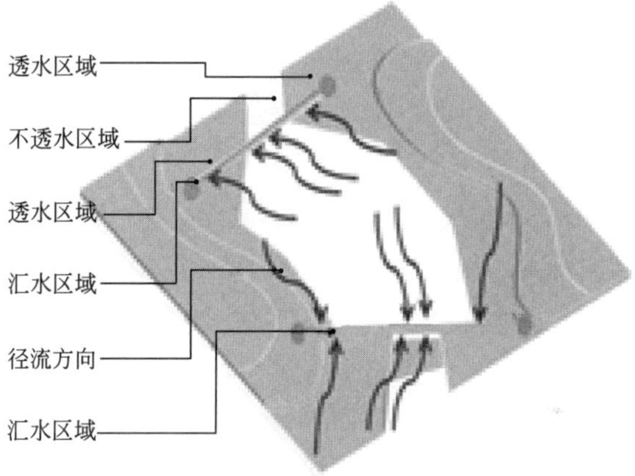 透水区域 不透水区域 透水区域 汇水区域 径流方向 汇水区域
不透水路径	场地边缘设置排水口形式	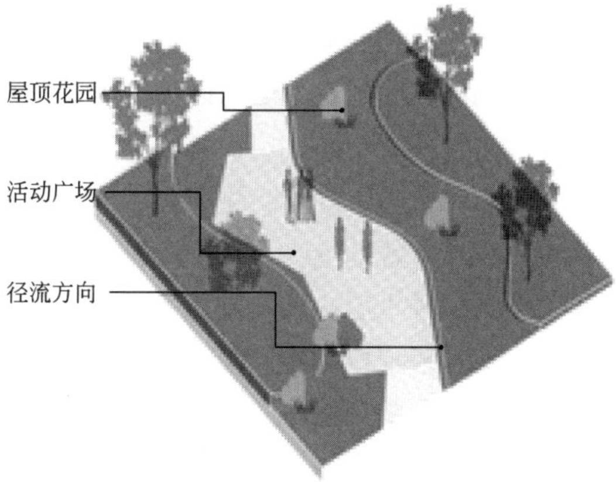 屋顶花园 活动广场 径流方向

续表

组合类型	类型	示意图
不透水路径	雨水径流模式	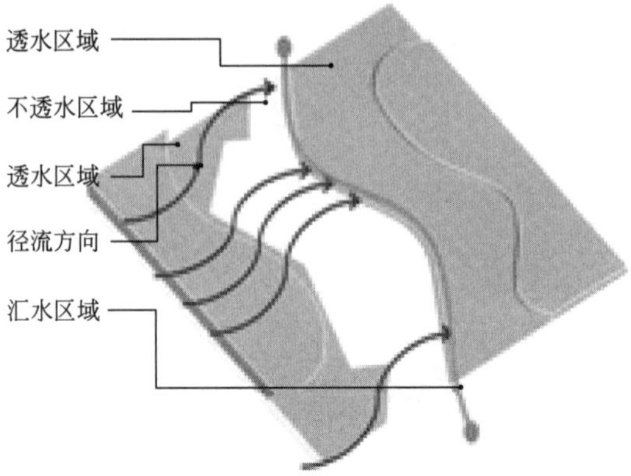 透水区域 不透水区域 透水区域 径流方向 汇水区域

具有雨水利用功能的建筑屋顶雨水循环过程是通过减少屋顶径流、推迟与减少洪峰峰值和形成时间来实现，屋顶土壤基质蓄水量达到饱和时，外溢的雨水进入屋面排水管道后排入地面雨水系统。与雨水直排进入市政管网不同，雨水管是分流雨水装置，将超量雨水排至地表透水地面、蓄水箱进行雨水渗蓄、滞留。地面雨水来源一般有三个方面：直接降雨、屋顶排水、墙面排水。地面雨水控制可以通过在广场，道路等设置地面雨水花园等LID 措施，通过植物、土壤等吸收一定的排水量后缓慢地流出，减少雨水带来的城市次生灾害。在地面广场、道路等区域根据雨水径流方向设置雨水断接点，补充生态设施。建筑场地雨水处理应着重关注到建筑广场的景观营造、前广场休息集散环境等，将地面雨水处理方案与场地景观联系，塑造广场的场所精神。

建筑屋顶的排水组织是整个系统排水中重要的环节，排水坡度决定了绿色屋顶雨水排放效率和雨水滞蓄能力。模拟屋顶径流表明屋顶坡度在2% 范围以下具有最好的屋顶雨洪调控效果，建筑的绿色屋顶排水坡度在设计时应注意坡度值范围≤ 2%。若是建筑屋顶绿色改造应注意在二次找坡时坡度值的设计在≤ 2% 范围内。

绿色屋顶的排水系统由基底层、排水管层、排水管沟和排水管组成。屋顶排蓄水层按性能分为进排水和排水蓄水两种，主要作用是迅速将屋面流经的雨水排出，如排水板具有多孔凹凸结构，可以有效地透气、蓄水和排水。安装在根茎保护层和过滤层之间，为了保证屋顶排水的顺畅，排水层应该与屋顶的排水管紧密结合，以便根据屋顶找坡进入排放沟或排放管，最后通过落水口排出。商业建筑的屋顶花园需要考虑防水和排水问题，排水系统是商业建筑屋顶花园美观洁净的关键因素。屋顶雨水系统是建筑雨水利用功能实现的基础，可确保屋顶花园的正常运行，应在出水口和落水口安装清除污泥的装置，并经常清除阻塞的污泥，避免漏水问题导致不必要的经济损失。

在设计绿色屋顶时，应尽量保持原有完整的屋面排水系统，而且不应将排水立管径直接入地表，以免在短期强降雨时，由于排水量与暴雨同期汇聚到某处，致使地表径流水压增大，从而给城市带来内涝影响。

5.3.4　具有雨水利用功能的建筑屋顶种植策略

屋顶绿化是建筑雨水利用方式之一，屋顶绿化类型分为草坪绿化、乔灌草混合绿化等，乔灌草混合种植方式对于雨洪峰值和径流量的削减能力高于屋顶草坪绿化。屋顶绿化类型应根据地域自然条件、屋顶承载力、造价、运维成本等确定。屋顶草坪绿化自重轻，工程量小、构造简单且养护成本低。草坪屋顶覆土荷载一般按80～150kg/m^2，由植被层、种植土层、过滤层、排水层、保护层、防水层和找坡层构成，植被高度5～15cm（图5-6），适于在多种建筑屋顶上推广。屋顶以草坪绿化承重较差、面积较小的建筑，其植物应以抗逆性强的草本为主，是一种简单而又实用的绿化方式。草坪式房屋具有土壤薄、负荷轻的特点，可以满足大多数现有楼房的房屋需求，而且建设成本也相对较低。为了减轻建筑屋顶的荷载，草坪式屋顶绿化应采用纤维多孔网和蓄排水板，这种材料具有轻质、透气、抗老化等优点，可以有效地保证蓄排水顺畅无阻，同时也可以满足一部分需水植物的生长需求。草坪式屋顶的植被选取要适宜气候特性，表5-11所示是适宜西安市商业建筑草坪屋顶绿化的植物高度及种植基质和厚度。在管理建筑草坪式屋顶时，要注意加强对屋顶草坪绿化的管理和修剪，防止草坪枯萎、杂乱现象发生。屋顶灌溉利用屋顶收集的雨水对草坪进行定期的灌溉，应充分利用屋顶高差自然增压的同时辅助人工增压泵，以确保屋顶绿化生长效果。

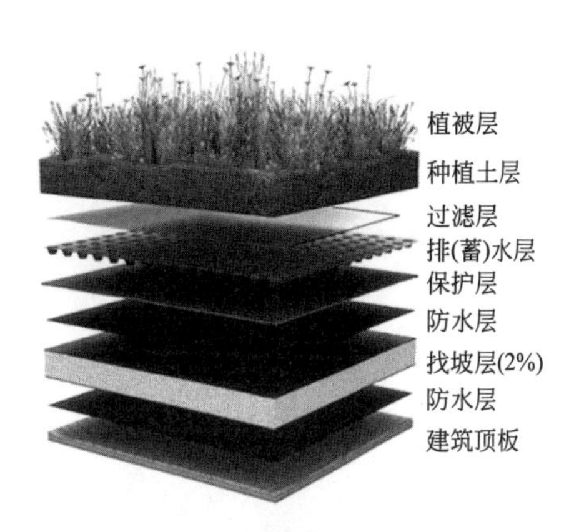

图5-6　草坪屋顶构造示意

草坪屋顶绿化植物高度及种植基质和厚度　　表5-11

植物类型	高度（m）	基质厚度（cm）
小型乔木	2.0～2.5	＞60
大灌木	1.2～2.0	50～60
小灌木	0.5～1.2	30～50
草本、地被植物	0.2～0.5	10～30

屋顶乔灌草混合式绿化土壤基质层厚度一般在150mm以上，平均厚度>50mm，由于其成景效果好，适合于屋顶功能相对复杂的建筑，更能满足人们的环境体验。尽管其雨洪调控能力更强，但乔木和高大灌木应做防风处理。定期修剪植物多余的枝条，确保其景观与生长效果。设计应根据屋顶层数、主导风向与建筑方位之间的关系选取抗风能力的强

植物种类，以微地形增加种植土壤厚度、种植池、地下锚固法、地面支撑和牵引等方式都可以达到稳定植株确保安全耐久的目的（表5–12）。大型乔灌木位于承重梁、柱和墙体附近，以防屋面挠曲变形影响屋面结构体系安全。

绿色屋顶案例 表5–12

建筑名称	努韦勒屋顶花园	圣约翰堡垒上的屋顶花园
实景图		
鸟瞰图		
屋顶构造	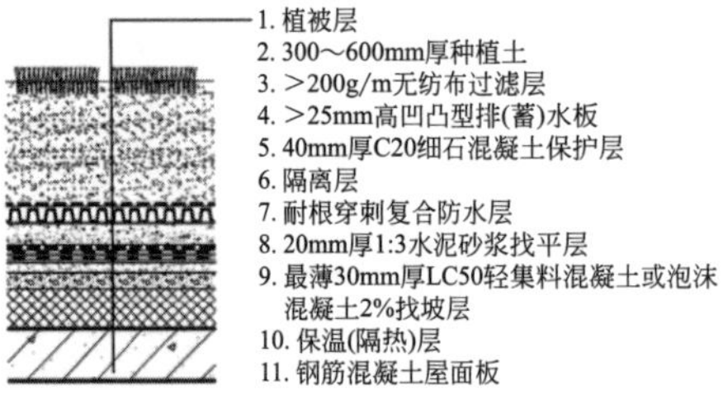 1. 植被层 2. 300～600mm厚种植土 3. ＞200g/m无纺布过滤层 4. ＞25mm高凹凸型排(蓄)水板 5. 40mm厚C20细石混凝土保护层 6. 隔离层 7. 耐根穿刺复合防水层 8. 20mm厚1:3水泥砂浆找平层 9. 最薄30mm厚LC50轻集料混凝土或泡沫混凝土2%找坡层 10. 保温(隔热)层 11. 钢筋混凝土屋面板	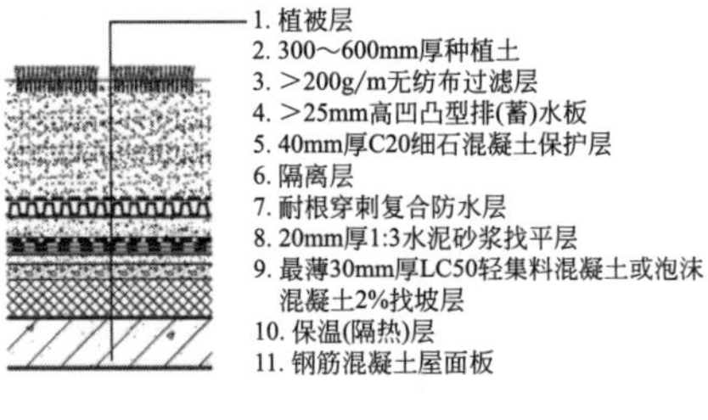 1. 植被层 2. 300～600mm厚种植土 3. ＞200g/m无纺布过滤层 4. ＞25mm高凹凸型排(蓄)水板 5. 40mm厚C20细石混凝土保护层 6. 隔离层 7. 耐根穿刺复合防水层 8. 20mm厚1:3水泥砂浆找平层 9. 最薄30mm厚LC50轻集料混凝土或泡沫混凝土2%找坡层 10. 保温(隔热)层 11. 钢筋混凝土屋面板

种植基底荷载必须在屋顶结构允许范围内，屋顶基层的荷载主要包括自身荷载和在环境影响下增加的荷载，自身应符合轻质、透水、保湿、养分适度等特点，种植基质材料需根据屋顶功能、结构承载力、环境特点及植物种类合理选择。我国屋顶绿化基质以混合土为主，外国以基质板为主，如栽培垫和预培垫（图5–7、图5–8）。

土壤基质的密实度和与植物根部的紧密结合程度会影响雨水渗透、蓄存和排放的速度和数量，相比于普通黏性土壤加入草炭土和河沙后土壤重量轻、肥力和透水性明显增加（图5–9），适合植物生长。屋顶绿化对自重轻、防水强、通气好、高营养、无污染、性价比高的栽培土提出更高要求，植物及种植基质层的选择由于绿色屋顶绿化形式的不同，也存在着较大差异（表5-13），在屋顶绿化基质厚度设计上应该注意要满足植物生长的基本条件。

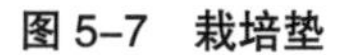

图5-7 栽培垫

图5-8 预培垫

图5-9 轻质土

绿色屋顶植物种类 表5-13

植物类型	高度（m）	种类
小型乔木	2.0 ～ 2.5	石榴、蜡梅、竹子、桂花等
大灌木	1.2 ～ 2.0	小叶黄杨、南天竹、石楠等
小灌木	0.5 ～ 1.2	栀子花、月季等
草本、地被植物	0.2 ～ 0.5	麦冬、三叶草、八宝景天、波斯菊等

随着基质层厚度的增加，雨水蓄滞和控制效能也会相应提升，但是随着厚度的增加，控制效能的增长速度也会减缓，而且经济成本也会相应增加。因此要根据商业建筑屋顶实际承载能力和经济成本选择适宜的基质厚度（表5-14）。

不同基质厚度的特性 表5-14

基质厚度	50mm	100mm	150mm	200mm	250mm	300mm
雨洪调控效应	较弱	较强	很强	很强	很强	很强
屋顶类型	草坪式屋顶	草坪式屋顶	花园式屋顶	花园式屋顶	花园式屋顶	花园式屋顶
屋面荷载要求	≥ 1.0kN/m^2	≥ 1.0kN/m^2	≥ 1.5kN/m^2	≥ 2.0kN/m^2	≥ 2.5kN/m^2	≥ 3.0kN/m^2

一般观赏性强、丰富和多样的植物组合搭配其整体的径流总量消减效应也逐渐增加，随着花园屋顶比例的逐渐增减，其屋顶的洪峰调控效应分别逐渐增强了10.40%、23.81%、42.96%和53.69%。应根据屋顶不同位置的受力情况选择植物类型，相对高大的植物应靠

近竖向承重柱附近，楼板中部挠曲较大的位置应配置自重轻的草本花卉等植物类型，适当增加花园屋顶面积的占比，从而增加屋顶整体的雨洪调控效果。不同类型绿色屋顶组合设计效果见表5-15。

不同类型绿色屋顶组合设计效果 表5-15

花园屋顶比例	0花园式屋顶	0～20%花园式屋顶	20%～50%花园式屋顶	50%～80%花园式屋顶	100%花园式屋顶
草坪式屋顶比例	100%草坪式屋顶	100%～80%草坪式屋顶	80%～50%草坪式屋顶	50%～20%草坪式屋顶	0草坪式屋顶
组合效果示意					
屋顶荷载要求	屋面荷载能力≥1.0kN/m^2	屋面荷载能力≥1.5kN/m^2	屋面荷载能力≥2kN/m^2	屋面荷载能力≥2.5kN/m^2	屋面荷载能力≥3.0kN/m^2
调控效应	一般	一般	较好	较好	非常好

5.3.5 具有雨水利用功能的建筑屋顶空间组织策略

建筑屋顶空间的利用依赖于其开放度，具有雨水利用功能的建筑屋顶核心是更有效地提供供人们活动的空间，建筑屋顶的可达性是最为重要的一环，为解决高处屋顶的可达性，可以通过强化水平和垂直联系来解决，增加室内与室外空间的联系。可抵达屋顶的垂直交通包括室内垂直交通与室外垂直交通，可使用扶梯、电梯、楼梯等设备，屋顶空间交通组织应实现屋顶空间与商业建筑室内及公共空间的融合连接。

室内垂直交通以建筑内部自动扶梯与电梯等联系屋顶空间（图5-10），能够大大缩短通行时间，降低屋顶空间的深度，相反如仅以疏散楼梯联系屋顶空间，则屋顶空间的使用效果会大大降低。建筑设计方案可考虑自动扶梯与电梯可直达屋顶空间，疏散楼梯通向屋顶空间既可确保建筑中的使用者遇到紧急情况向屋顶疏散的可能，又是联系屋顶的备用通道。具有中庭的建筑室内垂直交通一般位于中庭，中庭可在屋顶设置采光玻璃实现屋顶与建筑共享空间的视线交流，屋顶花园也可丰富室内空间的景观效果。以西安市大悦城为例，通过室内自动扶梯与垂直电梯与屋顶空间相连，人们从建筑任意层抵达屋顶空间都很方便。建筑屋顶的出入口不仅应对使用者有明确的引导作用，同时形成屋顶局部的高差产生的势能差为雨水的收集、灌溉提供了便利条件。

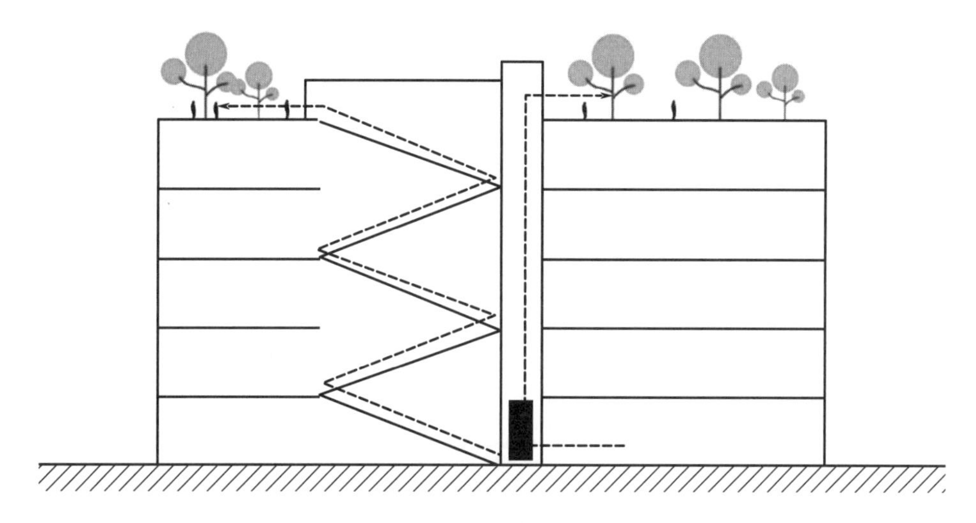

图 5-10 室内垂直交通组织

图 5-11 大悦城通向屋顶交通

室外垂直交通组织可以分为直达式和分级式。直达式以垂梯和扶梯联系为主，通常适于功能引力场强大的屋顶，直达式多适用于高层、小高层建筑。分级式主要针对阶梯式建筑，以多样的步行楼梯联系各层室外空间，形成宜人的室外空间尺度和景观效果，通常适合于多层建筑，西安市曲江大悦城就采用了分级式交通形式（图5-11）。

上海市前滩太古里的屋顶交通设计便是分散式形体布置置入了多层自动扶梯与步梯可以到达逐层的屋顶空间（图5-12、图5-13）；西安市金地广场也利用了逐层退台的建筑形体设置了部分步梯到达屋顶面。

建筑屋顶之间的联系也能够大大提升建筑顶部空间的使用效果，利用水平天桥、廊道形成联动，提供辅助通道以缓解高峰时段主要交通空间的压力，当然这样的联系目前多出现在相同管理单元内，不同管理单元之间的联系需要更精细化的管理方能实现屋顶空间区域一体化的“空中公园”（图5-14）。

由于建筑屋顶空间的功能以开放性、公共性为主，以电梯、扶梯联系地面的出入口空间应直达屋顶，减少对建筑内部各层功能的干扰，相对较少的出入口使屋顶空间的交通线以环线设计为主要形式（图5-15、图5-16），辅以连接各功能区的多元路径，多级可选择的交通线路是雨水收集过程中良好的汇水面，通过选择适宜的道路纵坡与横坡，采用透水铺装能够起到收集储存利用雨水的效果（表5–16）。屋顶不同功能区的场地设计应适应环境条件，动静区位置应考虑与主要交通线路之间的距离、视线的联系，辅以灵活设置隔断以形成空间应有的氛围和场所感。

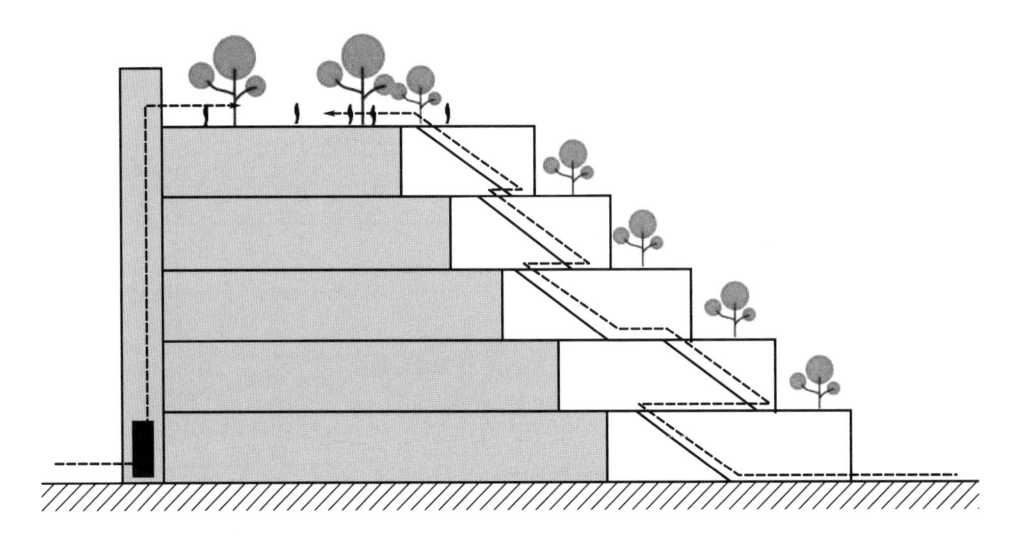

图5–12　室外垂直交通组织方式

图5–13　上海市前滩太古里室外交通

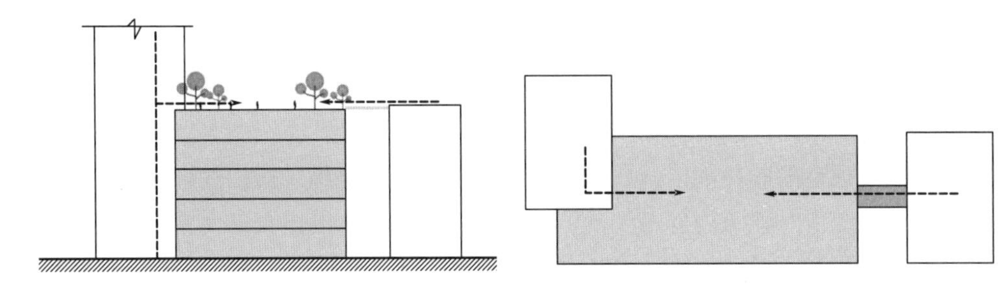

图5–14　屋顶空间与周边的联系

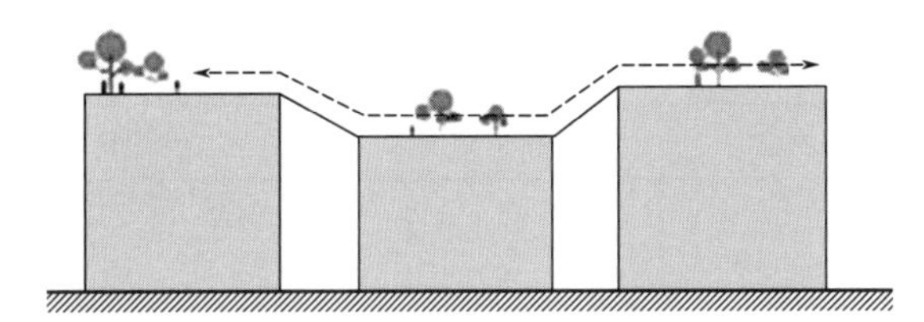
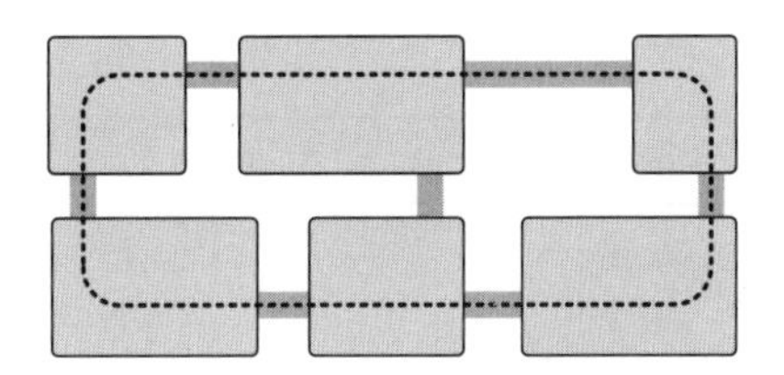

图 5-15　屋顶交通串联

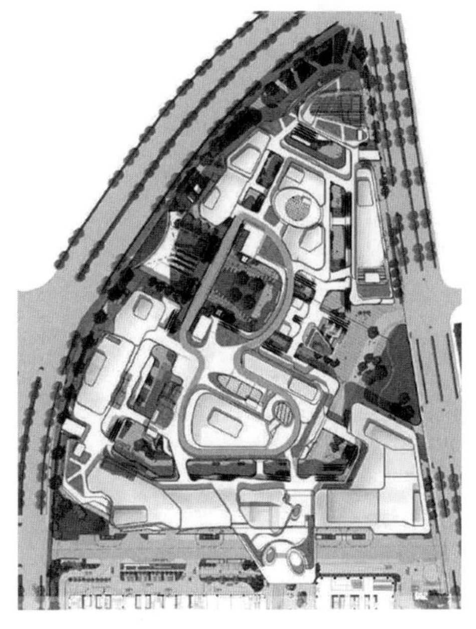

图 5-16　上海市前滩太古里屋面交通

道路透水铺装　表 5-16

图片	材料	透水性	结构稳定性	成本
	陶瓷透水砖	良好	较差	较高
	聚氨酯透水砖	良好	较差	较高

续表

图片	材料	透水性	结构稳定性	成本
	砾石	良好	中等	较低
	彩色透水混凝土	良好	稳定	中等
	透水沥青	一般	稳定	中等

建筑屋顶形态应具有标识性，科学、适宜的屋顶功能不仅源于精准的业态策划，对周边区域的位置、人口需求的准确把握，充分发掘新的适用空间与宜人环境。屋顶功能可以考虑与屋顶雨水系统结合布置，一般餐饮功能需要较好的环境，空中餐厅良好的视线、安静的空间得到消费者持续的认可（图5–17、图5–18）。屋顶其他商业活动应依托具有人流吸引功能的主要场所展开，以灵活的半固定设施展开，控制固定设施的数量。屋顶商业空间为创新性活动提供廉价的运营空间，成为城市未来丰富功能的孵化器（表5–17）。

图5–17　英国伦敦 Brass Rail 餐厅 The Roof Deck 屋顶餐厅

图5–18　中国西安市赛格购物中心的空中餐厅

图 5-19　日本京都 Rokkaku 区商业综合体（底层售卖、屋顶设农场和餐厅）

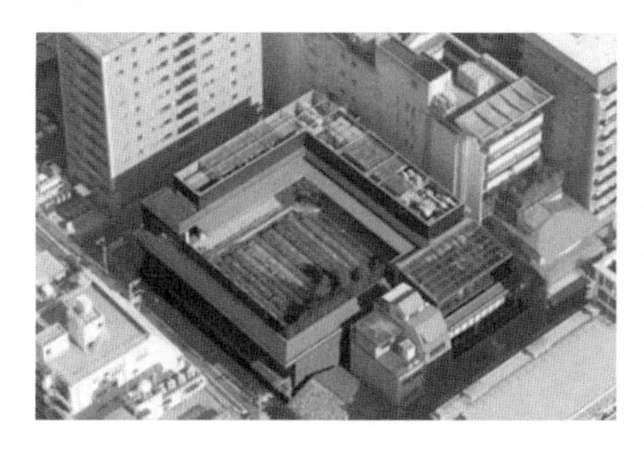

图 5-20　丹麦哥本哈根 Stedsans 有机餐厅（屋顶农场与餐厅、售卖结合）

屋顶餐厅可与农场结合，可移动栽培箱或固定区域种植均可采用，种植层以土壤为主，配以轻质营养材料，厚度约30cm的种植层适用于绝大多数小型灌木，符合屋顶一般可承载350kg/m^{2}负载的结构要求。对屋顶收集、过滤、净化的雨水加以利用，用于餐厅清洁、农场灌溉，餐厅中部分废物用于增加土壤肥力，实现多种资源的就地循环利用（图5-19、图5-20）。使用较频繁的屋顶防护措施包括对植物和人员的防护，至少1.2m的防护栏杆可防护人员坠落，保护支撑植物的棚架应与主体结构相连，防止大风等极端天气的破坏。

商业建筑屋顶集市　　表 5-17

集市名称	图片	地点	模式	业态
青岛市夏大雾屋顶集市	夏大雾 屋顶市集	山东省青岛市万象城6楼天空之城	布展+摊位	手工文创+小食餐饮+服饰饰品

续表

集市名称	图片	地点	模式	业态
上海市恒隆再塑集市		上海市恒隆广场屋顶花园	布展+摊位	音乐派对+工作坊+游戏体验+独立品牌
乐淘屋顶集市		云南省弥勒市佛城商都屋顶	固定摊位	生鲜果蔬集市
屋顶集市LIVE		四川省成都市IFS七楼屋顶	布展+摊位	Live+手工文创+小食餐饮
建国门老菜场文化创意街区		陕西省西安市碑林区建国门	布展+摊位	艺术文化+手工文创+小食餐饮

建筑屋顶空间也可以设置休闲健身模块，休闲健身模块主要针对人群是建筑内及周边居民或办公人群。城市的土地寸土寸金，在建筑屋顶空间开辟休闲健身广场可以缓解城市高密度建筑带来的压力。休闲健身区域可以设置多种功能设施，例如慢跑跑道、健身设施、球类场地和活动广场等。休闲健身区域应该根据建筑屋顶形态，周边人群设置适宜

的类型。同时，在休闲健身区域需要做好高空安全防范。例如安徽合肥万象汇屋顶健身中心在顶层设计了空中跑道与空中球场向市民开放，满足了周边市民对健身场所的需求（图5-21）。

屋顶良好的视景是开展必需活动的基础和有利条件，可结合景物特点和最佳观景点位置采用抬高、旋转、突出、引导和框景等方式加以强化，良好的视觉效果也成为吸引游客的景点，产生其独特的引流效果。中国西安市大悦城（图5-22）、英国丽丝商业中心都是很好的实践案例。

图5-21　合肥市万象汇屋顶健身中心

图5-22　西安市大悦城屋顶景观平台

屋顶运动休憩空间视觉开敞，高度很少受限，但管道通风口等设施的分布会与运动休闲空间要求的特定尺度、标准有矛盾，应注意根据活动动静特点、服务人群选择色彩，球类运动场地应注意安全措施，防止球类坠落伤人，与屋顶边缘1～2m距离、大于1.2m的栏杆可以有效保护人员安全。过于沉重、产生过大振动、噪声和动荷载的项目应减少（图5-23）。

图5-23　深圳市汇港购物中心空中乐园

运动休闲设施的可见性是设计的难点之一。可达性与辨识度相互影响，完整的标识系统是解决方案之一，完善建筑入口、广场及各空间至屋顶的交通导引系统，实现间接引导人员的目的。建筑外观的巧妙设计在引导人流上会取得更加直接的效果，在建筑主要临街面体现出屋顶主要功能，屋顶透明泳池悬空、跑道游乐设施部分出挑、空中庭院形成的退台等多种标志性形象，大大增强了建筑的辨识度、吸引力，会增加建筑整体和局部的场效应，吸引更多的社会关注。

结合雨水收集系统可形成建筑立面动态水景观，将屋顶收集的雨水延伸至建筑立面，水幕效果结合夜景灯光可用于夏季外墙降温。例如成都市的IFS攀爬大熊猫（图5-24）、西安市赛格电脑城水幕墙、上海市大悦城屋顶摩天轮都起到增加标识性目的，甚至成为城

图 5-24　成都市 IFS 立面

市轮廓线的组成部分。

屋顶雨水利用功能根据屋顶的具体用途可以依靠工业化产品来实现，也可以利用景观系统的设计来实现。以建筑与景观要素的重新组织来实现屋顶雨水利用功能，不仅能够提升城市环境品质，还能够通过使用者参与发挥景观建筑学的社会影响力（图5-25）。屋顶雨水的储积方式应根据降水条件确定其容积，高层建筑的屋顶上的辐射量、风速较大，屋顶水体可采用封闭式、半封闭式和开敞式，具体可采用封闭式水箱、顶部遮阳的半封闭水池、涵养在土壤的蓄水方式也属于半封闭式，开敞式水池的深度，受到屋顶承重能力和建筑面积的限制。为了达到收集雨水灌溉植被或其他利用方式的目的，屋面雨水景观可采用如下核心理念，就是充分发挥自然降水在高度不同集水面之间的势能差，利用其重力自流汇集收集雨水，通过对雨水时空分布状态的调节，实现雨水生态、经济、社会效益的最大化。具体而言就是将自然景观要素与人工景观要素完美结合，对集流过程中的各设施进行景观化处理，营造由汇水路径、水池和需水植物组成的优美的视觉效果、显著的资源利用效果和高效的城市环境运营效果，同时延缓暴雨季节雨水汇聚进入城市排水管网的时间，减少排水管网雨量峰值，进而控制城市洪涝灾害发生的频率（图5-26）。

图 5-25　米兰苹果店雨幕立面

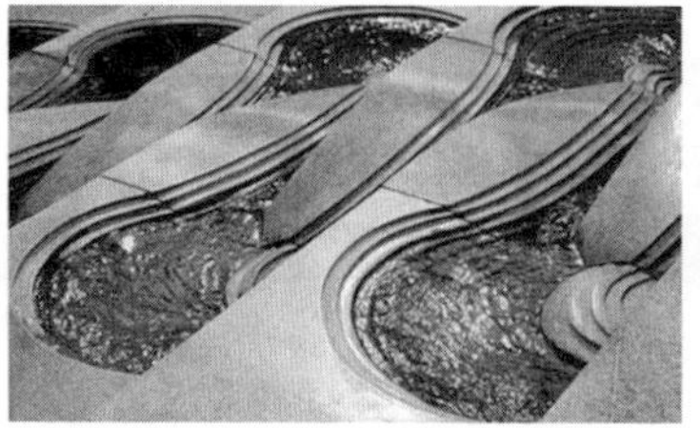

图 5-26　雨水结合的景观设计

在屋顶承重范围内设置浅水池，在调蓄雨水的同时，浅水池的蒸发能够调节温度、湿度，营造微气候，为动植物生长与人的活动提供适宜的物理环境，成都市来福士广场裙房屋顶的水池调蓄雨水的同时创造独特的景观体验（图5-27）。

图 5-27 成都市来福士广场屋顶浅水池

图 5-28 照明设施样式

跌水是利用雨水势能差产生的景观，动态水景墙、水景小品是水景的主要形式，就是利用屋顶高差形成自然跌水效果，动态水景能够适当增加蓄水池的含氧量，为水生动植物的生长创造条件。动态水景中的喷泉需要持续的电力供应，可利用屋顶布设的太阳能板提供，如果两种屋顶花园之间的高差较小且相通，水从位于高处的屋顶跌落至较低屋顶的水池或蓄水箱，亦可与外墙结合形成室内外共赏、共享的水景。由太阳能板提供电力（图5-28）的屋顶景观照明设施及雨水排放路径的艺术化处理均提升了雨水排放过程中人的视觉感知度（图5-29）。

图 5-29 跌水景观设计

人员跌落与物品坠落是建筑使用过程中常见问题，建筑通常采用不少于1200mm的栏杆进行安全防护，屋顶女儿墙是安全防护设施的一种。如何在安全防护的过程中提升轮廓的美感，同时满足观赏者视线通畅、最佳视角，安全防护栏应满足不易攀爬、翻越等要求，可以采用透明、半透明和不透明材料，经过精细设计的植物、水面、地面高差均可形成隔离空间确保人员安全，达到防护功能与生态、美观效果的统一。

户外桌椅、运动、标识等设施是实现户外场所使用功能的必需，设施与建筑主体结构的连接方式需考虑水平和垂直两个方向的稳固，室外气候环境、风雪云雨等极端气候条件对设施稳固的影响不易控制，同时耐候、耐用、耐腐的材料可以有效增加设施的使用寿命，定期维护和翻新经日晒雨淋老化、褪色、变形的设施有助于保持设施良好的使用状态，金属、木塑复合材料、防腐木等有较好的耐候性而受到青睐。

不同形态的屋顶宜采用不同的雨水收集利用模式，有一定高差变化的屋顶能够增加雨水排出路径，势能为雨水循环流动、储存、利用创造更多可能。建筑屋顶水箱、楼电梯机房及太阳能板作为位置最高的汇水面，采用非上人屋面，低矮耐寒草本植物可净化初降雨水的污染物后收集，为屋顶花园的浇灌提供基础水源保障。屋顶花园因其良好的生态、景观及使用效果成为屋顶设计首选形态，屋顶花园的平面组织应注意根据不同设备的特点采用不同处理方式，将设备放置在建筑边缘容易吊装的位置，适当降低高度以减少对城市及屋顶空间的视线干扰，屋顶防护栏杆等建筑围护墙体和构件兼做设备防护遮挡设施，确保人员及设备安全，最大限度保障建筑在各视角的美观。屋顶相对完整空间是屋顶花园的主要位置，经绿化基质溢出的雨水排入屋顶设备区的蓄水设备储存，屋顶花园活动场地和步行路径略高于周边绿化，较平缓的横坡在不隔断排水路径的基础上将其上的雨水汇聚至绿化区，屋顶不同区域的构造应隔绝潮气、防止渗水、隔绝湿气。屋顶标志性不仅体现在夜晚LED灯光效果上，更体现在采用独特的形象展示建筑性质与功能。建筑屋顶雨水系统设计是屋顶社会、生态及经济效益发挥的基础和关键，建筑调控雨洪的能力是上述方法宏观效果的外在表现。

5.3.6 具有雨水利用功能的建筑屋顶设施的设计策略

在建造或使用绿色屋顶时，由于细节设计不足、热胀冷缩导致的保护层破坏、垃圾堵塞排水管口或管道以及植物根系穿刺等原因，经常会出现楼顶渗漏的问题。因此，必须采取相应预防措施来保证绿色屋顶的安全和可靠度。因此，防水是建筑绿色屋顶设计的重要一步。

根据《种植屋面工程技术规程》JGJ 155— 2013和《屋面工程技术规范》GB 50345—2012，屋顶绿化防水层采用一级标准，并在普通防水层的基础上增加耐根穿刺防水层等二次防水处理，以确保建筑的安全和耐久性。屋顶优质防水材料（柔性卷材和刚性防水材料）应被采用，改造建筑中保留种植区采用刚性防水有助于减少植物根系刺穿及耕作对防水层的损坏，新的保温隔热技术应避免潮气进入影响建筑保温隔热性能，并通过闭水测试确保无渗漏水现象，提高防水能力和使用寿命。轻质施工材料能有效减少结构负荷和资金投入。这些屋顶节点的防水包括：屋顶变形缝处防水、女儿墙收口处防水、出屋面管道处防水、排水管件防水等节点构造做法和施工细节是质量保障的重点。

利用建筑屋顶调控雨水汇聚的时间、空间，降低雨水汇聚的峰值和推迟雨水峰值出现的时间，从而达到逐渐疏导雨水排除的目的；具有雨水利用功能的建筑屋顶采用即时利用和延时利用，利用屋顶、墙体、地面植被吸收是即时利用的主要方式，就是通过种植基质和植物对雨水截流和吸收，以减少和推迟屋顶雨水排入城市管网的数量，相比坡度小于15°的普通屋面，可以减少一半的雨水进入檐沟和落水管排入下水道、湿地和河湖溪流。雨水收集利用是延时利用的主要形式，当屋顶绿化收集一定的雨水之后，经过基质净化预处理的雨水可以进入屋顶调蓄池储存，用于后期屋顶绿化浇灌、卫生、消防等用途，调蓄池溢流的雨水则缓慢排出渗入地下或进入城市排水系统。雨水可储存于建筑不同高度，经过滤的雨水在水质达到景观用水的标准后，可作为雨水景观用水（图5-30）。

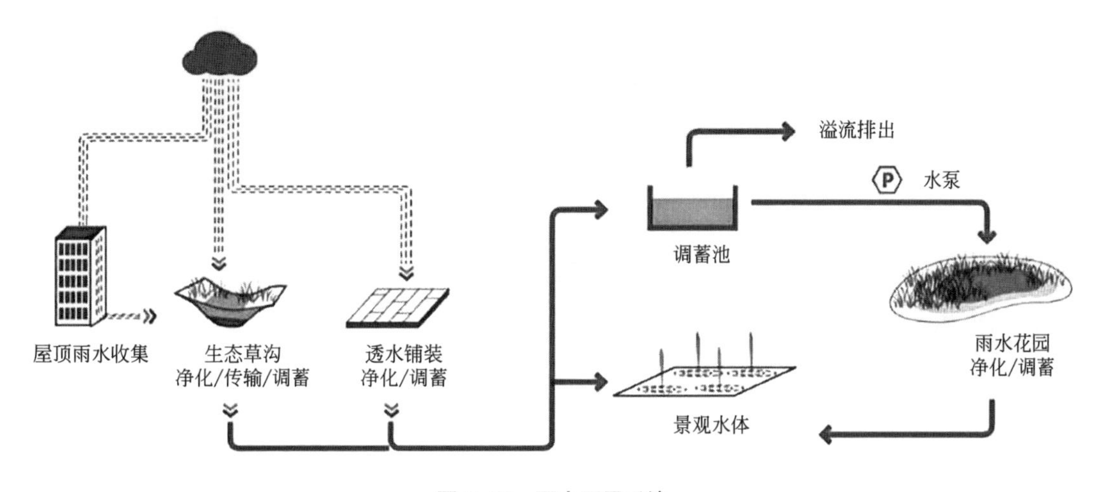

图5-30　雨水回用系统

类型不同的建筑用水特点差异极大，具有雨水利用功能的建筑其排水系统设计相对复杂，初期铺设成本、后期维护成本以及管理运行成本会有所增加。雨水经前置过滤后收集进入初级储存和过滤设备，再经落水管输送和储存，雨水收集的位置主要为屋顶收集、地面收集、地下收集。收集位置不同水质差异较大，降雨过程不同阶段的水质差异较大，可依据其水质不同用于不同的功能。高位屋顶雨水水质好，雨水通过屋面汇水面和雨水管道汇聚形成，地表径流经土壤渗透过滤具有自净能力，建筑空中庭院亦可收集、储存雨水，在保证绿化植物正常生长的基础上补充城市绿地灌溉用水。

以西安市为例，根据雨水量可计算集水箱容量，集水箱采用金属钢板、玻璃钢或者PE等材料集水箱（图5-31），储存夏季充沛的雨水供其他季节使用。建筑屋顶集水箱收集屋顶位置高、杂质少、污染低的雨水、简单过滤后利用自重即可用于灌溉、冲厕、清洁等卫生用水。降雨到屋面—屋面雨水通过汇水至汇水口—收集管道—集水箱的收集路径也可以设计成为屋顶雨水景观。通过简单的过滤设备减少杂质收集存储雨水于地面水箱的方式，便于维护管理，效果较好。由于雨水中的杂质在加压后堵塞消防的喷淋口，以雨水补充消防用水需经过严格的过滤，尽管地下消防水箱容量较大但其使用频率较低，雨水总体利用效率较低。

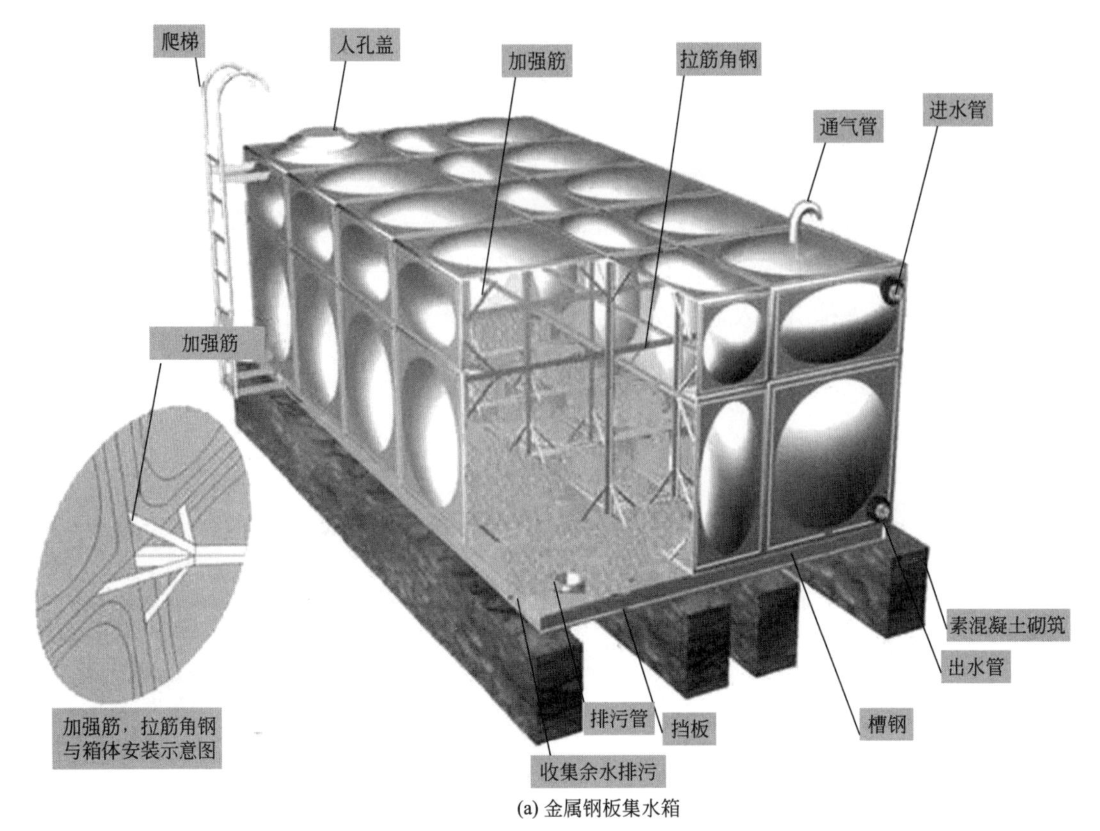

(a) 金属钢板集水箱

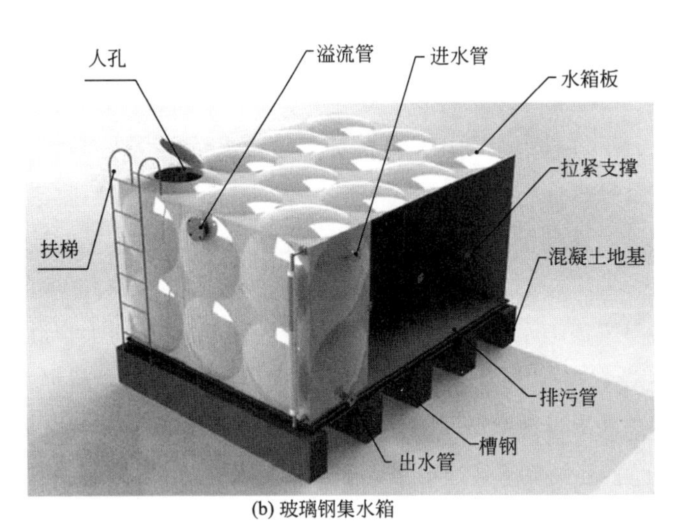

(b) 玻璃钢集水箱

(c) PE集水箱

图 5-31 不同类型的集水箱

雨水在收集、过滤、储存和利用过程中，可用于屋顶花园浇灌、水景幕墙、卫生、雨水景观、环境车辆清洗等用水。屋顶蓄水池储存雨季充沛的雨水定期灌溉屋顶花园、农场，其雨水利用模式见图5-32。

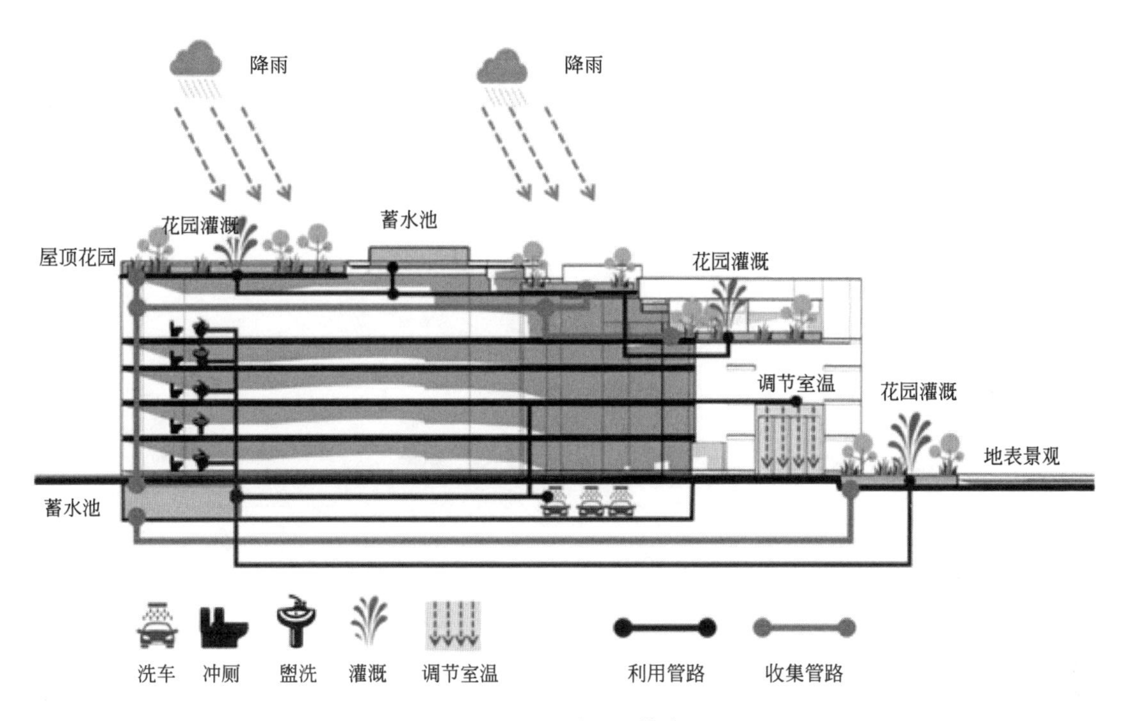

图 5-32　雨水利用模式

透水铺装使用具有孔隙的材料，如透水砖、混凝土等，用于建筑屋顶和空中庭院的道路和室外场地，创造会呼吸的屋顶和地面（图5-33）。通过吸收、渗透降水至基层或土壤，提升雨水收集量，增加雨水下渗，减少屋顶雨水径流对地面土壤的冲刷，有效地减少建筑蓄热量，改善城市热环境。透水铺装构造由上至下由面板、基础（底基础）、垫板构成。

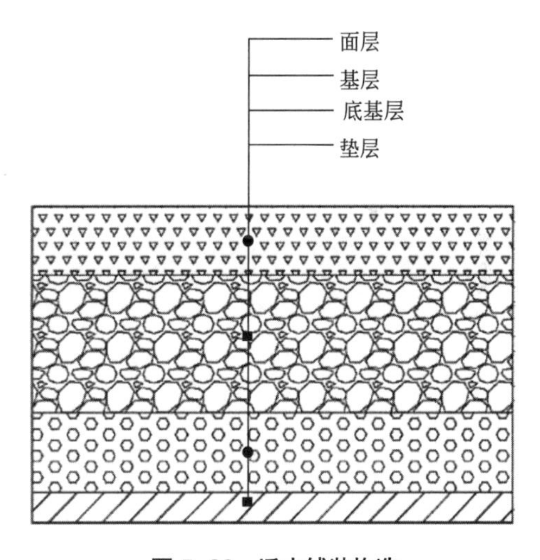

图 5-33　透水铺装构造

生物滞留网格是一种用于储存、渗透和蒸发降雨和径流的工程土壤结构，它设计在砂砾排水床上方，是一种广义的沉降式绿地。它由护坡、入水口、溢流井、检测口和风景植被等构成，可以有效地减少地面雨水径流。为了有效地利用汇水区内的雨水径流，应当重视基础设施与场所相互之间的竖向连接，使其处于汇水区的低点，以便将雨水天然汇流或经过导流设施排入生物滞留网格（图5-34）。在建筑雨洪调控系统设计下，可以结合建筑地面景观设计生物滞留网格，减少地面雨水的径流。

雨水花园是一种天然生成的或人工开发的景观绿地，它具有微小的凹陷，可以收集降雨，同时为周围环境提供清新的空气（图5-35）。雨水花园通过采用下凹式结构，可以有效地降低雨水径流量并且净化雨水。雨水花园一般由三种结构组成分别是：覆土层、种植层和粗砂层。表面浮覆土层一般的厚度为100mm 左右，由卵石等组成，可以保持土层的湿度。其土层的厚度一般为300mm 左右，能够栽培水生植被。雨水花园在形式上多设计为曲线形，如卵形或弧线形，与其他设施组成完善的海绵系统。通常，在商业建筑雨洪调控体系设计下可以在商业建筑入口处或者广场设置雨水花园，丰富城市绿化环境同时还可以吸引城市人流。

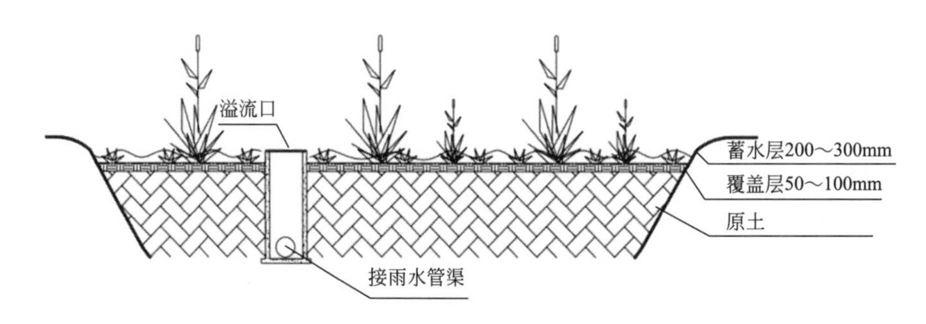

图 5-34 生物滞留网格

图 5-35 雨水花园示意

植草沟是在排水渠道两侧分布草坪、湿生和水生植被，周边场地雨水在向沟渠汇聚的过程中受到草或其他植被的阻挡和根系的吸收，缓慢进入沟渠后向土壤深层渗透，暴雨经植草沟进入河道或地下水，从而形成一个完整的水系统。植草沟作为雨水传输路径由植物和透水土层构成（图5-36），可有效减少洪峰峰值和延缓洪峰到来的时间，缓解城市雨水管线的压力，为进一步防洪措施的布设赢得时间。弧形、三角形和梯形等植草沟断面形式占地较多，尤其在湿陷性黄土地区应符合雨水重力排除的坡度，应与建筑和构筑物保持一定距离，避免沉降影响建筑或构筑物的安全。建筑功能多样，其屋顶是各种设备安装的空间，既有建筑屋顶在未考虑人员使用和城市空中视角的景观效果时进行建造，后期改造难度较大。设计阶段全面应考虑设备空间的位置，预留屋顶花园后期建造时的空间，考虑其交通动线、景观效果等整体安排。建筑设备通常会产生噪声、振动、气味、冷热风等环境影响，建筑屋顶产生噪声的设备，如送排风设备、抽油烟设备和空调冷却塔等，应单独放置在远离活动空间的位置，朝向建筑外立面时应注意遮挡，避免破坏城市主要界面的景观效果，可以集中布置在屋顶边缘，将产生噪声的面朝向建筑外侧，设备与人群活动空间接近的反面采用高差隔离、垂直绿化遮挡等方式消隐设备，降低噪声和视线干扰，改变风向的处理。建筑屋顶集中了管道排气口、油烟机通风口等产生气味污染的设施，不仅会产生烟气污染，使用期间运转也会产生噪声振动等，设计时应布置在城市主导风向的下风侧，减少对屋顶主要空间的污染；屋顶设备之所以布置在屋面，重要原因是外观视觉效果差，影响场所的美观，以屋顶空间充分利用的角度设计其位置，避免视线干扰主要通过格栅分隔空间，利用垂直绿化进行景观遮蔽（表5-18）。

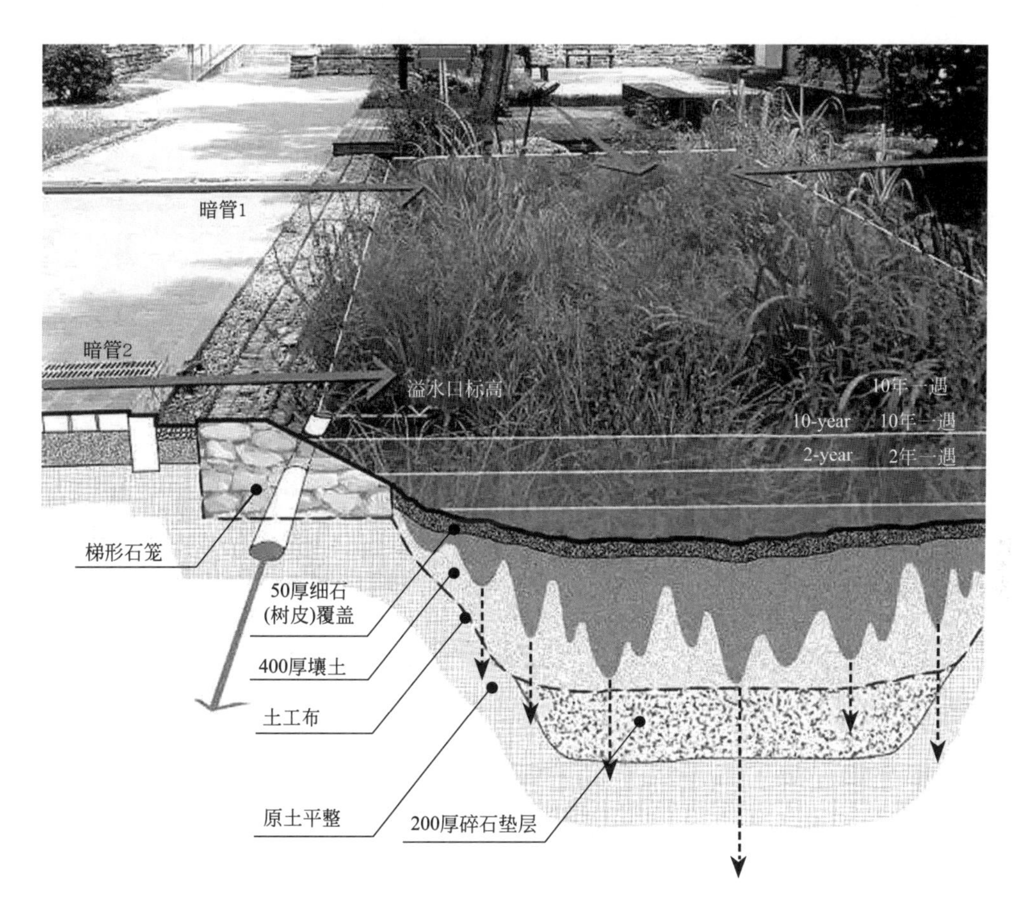

图 5-36　植草沟示意

具有雨水利用功能建筑屋顶设计策略包括建筑屋顶形态、结构安全、雨水系统、种植、空间组织、雨水循环设施组织等多项的设计策略。

设备景观遮蔽方式　　表 5–18

设备类型	遮蔽方式	示意图
大型设备	格栅等构件遮蔽	格栅　设备　格栅
	设备机房遮蔽	设备机房　垂直绿化　设备
	绿化景墙遮蔽	绿化景墙　设备
小型设备	太阳能板+垂直绿化遮蔽	太阳能板　垂直绿化　设备
	阶梯绿化遮蔽	阶梯绿化　设备
	种植池遮蔽	种植池　设备

第6章　具有雨水利用功能的西安市典型建筑项目实践

6.1　示范项目概况与基本特点

古往今来国内外建筑应对雨水的方式各不相同，其类型包括被动防御和主动利用两种，主动利用对于自然条件相对恶劣的干旱、半干旱地区起着保障生存条件的意义，对于其他地区则起到更经济有效改善生态环境的目的。具有雨水利用功能的建筑屋顶实践案例地点选在我国西北干旱、半干旱地区代表性城市西安市城市中心高密度建成区（图6–1），位于大明宫、火车站、大雁塔组成的城市景观轴线（图6–2），包含商业、办公等功能的综合性建筑，建设海绵城市的相关措施在此区域收效甚微，由于建筑密度高，雨水收集利用对于充分利用城市资源、改善城市环境、控制城市雨洪危害的强度，具有重要的示范意义。

西安市依托秦岭与渭河之间的阶地，地形由南向北降低，自然水系分布较为均匀，形成八水环绕格局，城市雨水可就近排除，城市排水管网的长度、坡度和管径适中。实践案例所处高密度城市地表硬化率高，场地雨水自然吸收的可能性小，雨水调控必须依赖建筑屋顶和场地空间共同完成。

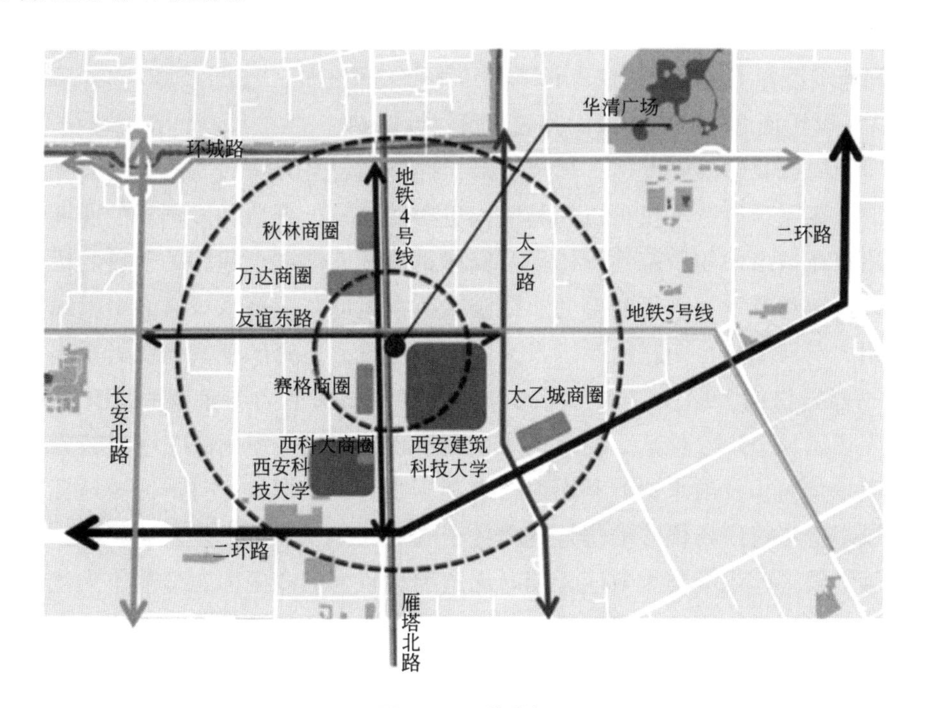

图6–1　区位分析

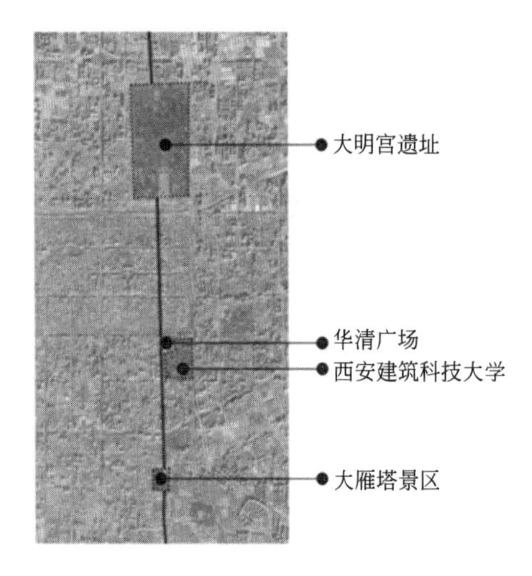

图 6-2　轴线分析

图 6-3　华清广场现状

典型案例华清广场位于西安市雁塔北路与友谊东路十字东南角，西安建筑科技大学雁塔校区西北角，地处雁塔路中段北距明代古城和平门1.3km，南距大雁塔2.7km，总建筑面积12万m^2，兼具办公、商业和停车三大功能，其中商业面积8万m^2，设有停车位700余个（图6-3）。项目占地约20亩，由塔楼与裙楼组成，共24层，华清广场7层地上（地下两层）；办公建筑26层（地下两层）。与地铁四号线、五号线相连。西安市碑林区华清广场商业建筑作为一个大型商业综合体项目，兼具办公、购物等多种业态。华清广场建筑屋面根据功能呈现多个阶梯（原屋顶平面），分布在四层、六层、七层、八层、二十四层，面积约为6941.38m^2，均为上人屋面，以七层、八层以及二十四层屋顶为主，屋面根据建筑内部空间需求设置了相应的设施。由于建筑内部功能不同、层高不同，各个屋面之间标高相距较大，其屋面之间缺乏连通的路径，可达性较差。

华清广场周边交通设施发达，高校众多，拥有稳定且充满活力的消费群体，对建科大厦·华清广场屋顶改造不仅可以为其引入更多的流量，创造和发掘新的商业价值，还能够增强建筑在城市中的示范性，体现西安建筑科技大学在土建相关学科的优势及其试图合力提升城市建筑设计水平的努力。位于大明宫遗址与大雁塔景区的中轴线上的华清广场是北望大明宫遗址，南瞰大雁塔景区的绝佳位置，良好的视线与视野是周边层数较低建筑所不能提供的。屋顶公共空间的开放性对于城市活力与氛围的提升具有积极意义。华清广场屋顶呈现阶梯状，拥有多个屋面平台，对建筑屋面改造项目较为友好，同时提高城市绿化面积及雨水资源利用率，有利于重塑建筑形象，打造区域地标，塑造城市景观新风貌。华清广场优势的位置既得益于周边同类、同规模建筑（如李家村万达店与太乙城等）较多产生的马太效应，同时周边项目较强的竞争力也分散了人流。项目屋面呈阶梯状，屋面的连通性、可达性较差，重新塑造屋面整体环境具有较大的难度，项目亟须塑造新的增长点和吸引力。项目原设计缺乏前瞻性，建筑屋面上拥有较多的建筑设备，摆放杂乱，屋面美观性较差，对屋面改造造成了一定的困扰。屋面连通性差，屋面设备复杂且众多，屋面整体设计如何协调与建筑设备之间的关系，并与绿色建筑技术相结合，营造低碳节水型建筑，难度较大。项目改造后，如何将原有建筑形体与建筑表皮协调，同时与区域新发展形象相结合，充分引流，使人们关注并参与到项目的建设之中，使其成为城市特色空间是一种挑战。而较新的改造方式在甲方没有看到同类项目改造效果的情况下同意投资屋面改造项目，难度较大。西安市进行海绵城市试点工程建设是西安市打造生态化、绿色化、国际化大都市的必然要求，对建筑屋面进行改造对于完善城市绿色空间，改善人居环境，建设海绵城市示范目标，带动周边经济发展有着重要的作用。改造项目对于城市密度较大，建筑第五立面缺乏考虑的城市，有助于增加城市绿化覆盖率，减缓城市用地紧张，改善城市生态环境，应考虑纳入城市规划管理体系中，强化城市屋面改造项目示范与引导作用。华清广场目前消费人流较为稳定，已经进入供需平衡阶段，对项目进行屋面改造，有助于打造网红景点，从而吸引更多的流量，吸引更多的客人流与更大的投资。

由于建筑内部功能与层高不同，现状各个屋面之间标高相距较大（图6–4 、图6–5），而屋面之间缺乏联通的路径，可达性较差。前期设计没有考虑屋顶空间的利用，目前各个屋面之间缺乏公共可达交通，仅仅可以通过其内部三部货运楼电梯到达屋顶面（图6–6 ）。高层办公楼的屋顶可以通过首层的楼电梯间直接到达屋顶空间（图6–7）。其中屋顶可上人屋面面积约为6941.38m^2，其中除去设备密集区域等利用率较低的区域，可利用区域约为4536.55m^2（图6–8 ）。

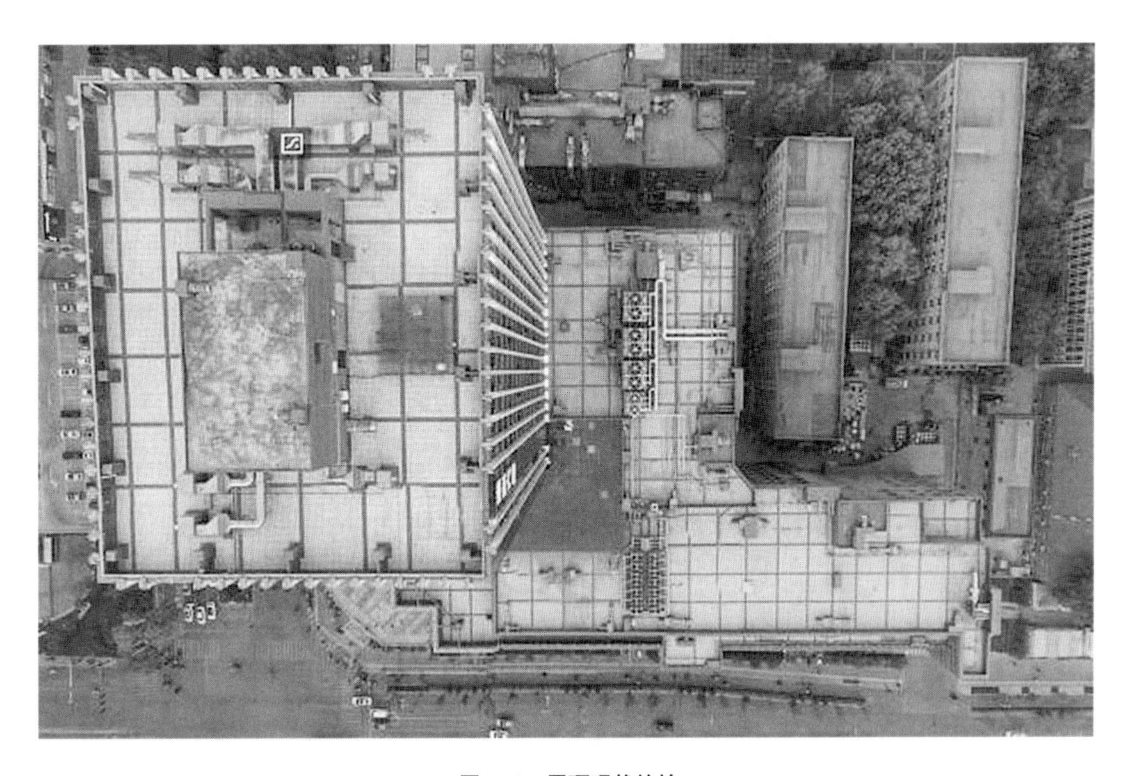

图6–4　屋顶现状航拍

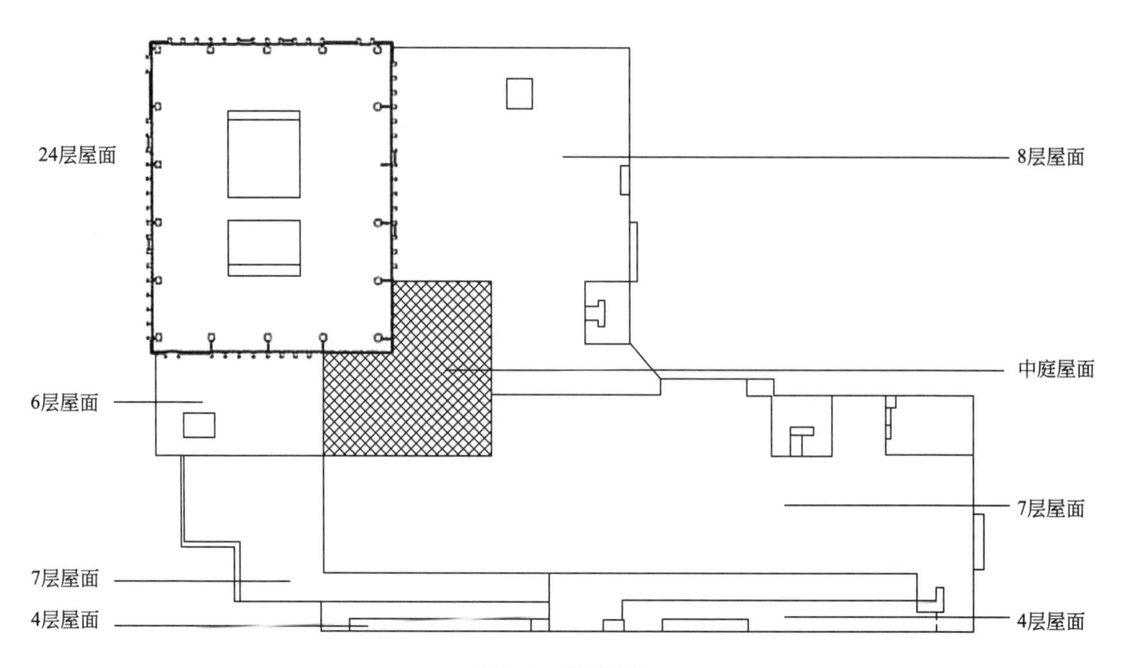

图 6–5　屋面层数

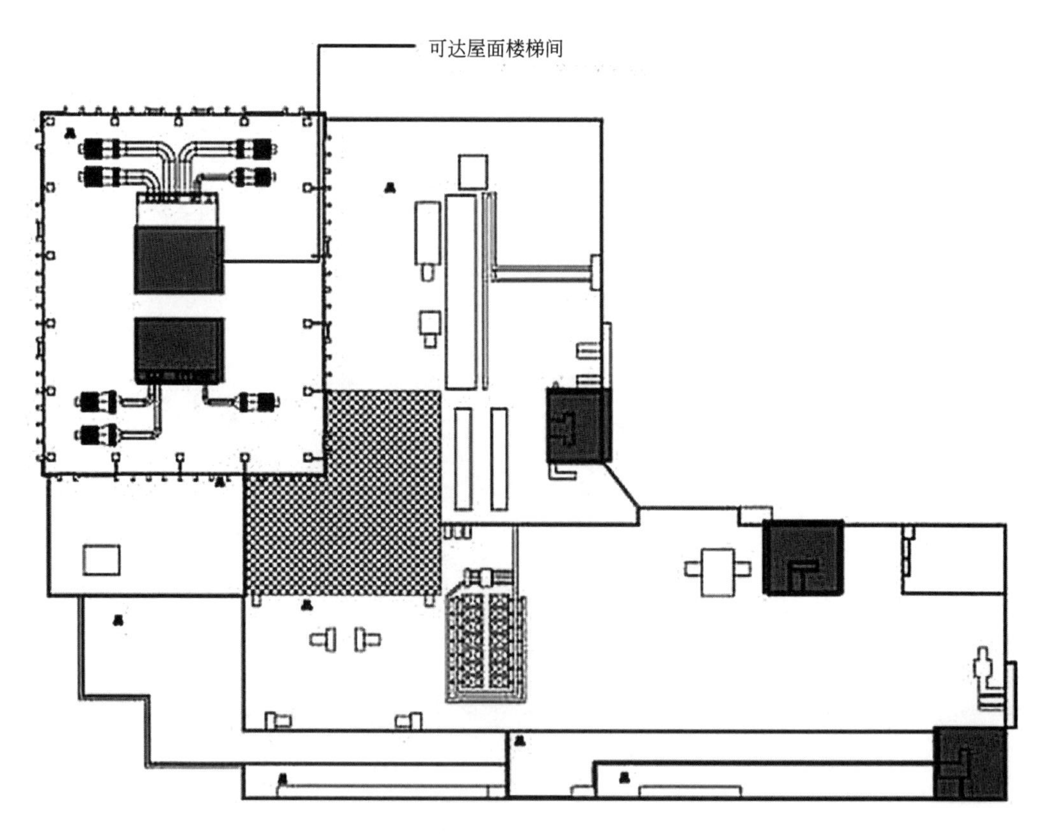

图 6–6　屋面楼梯间

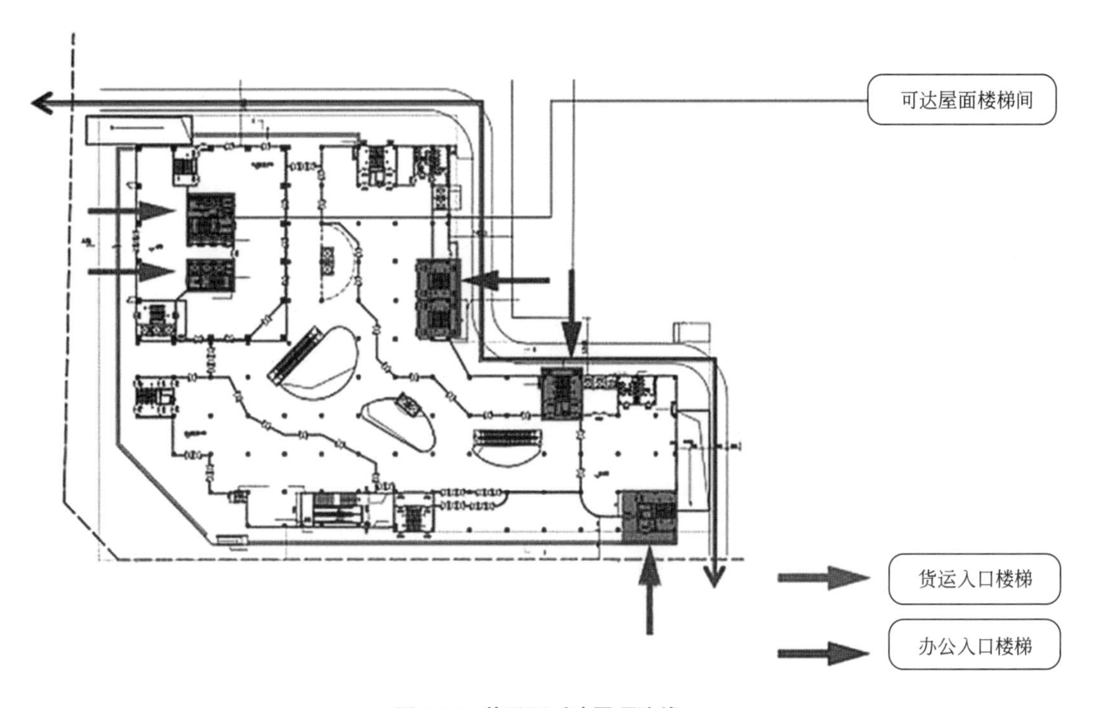

图 6-7　首层可到达屋顶流线

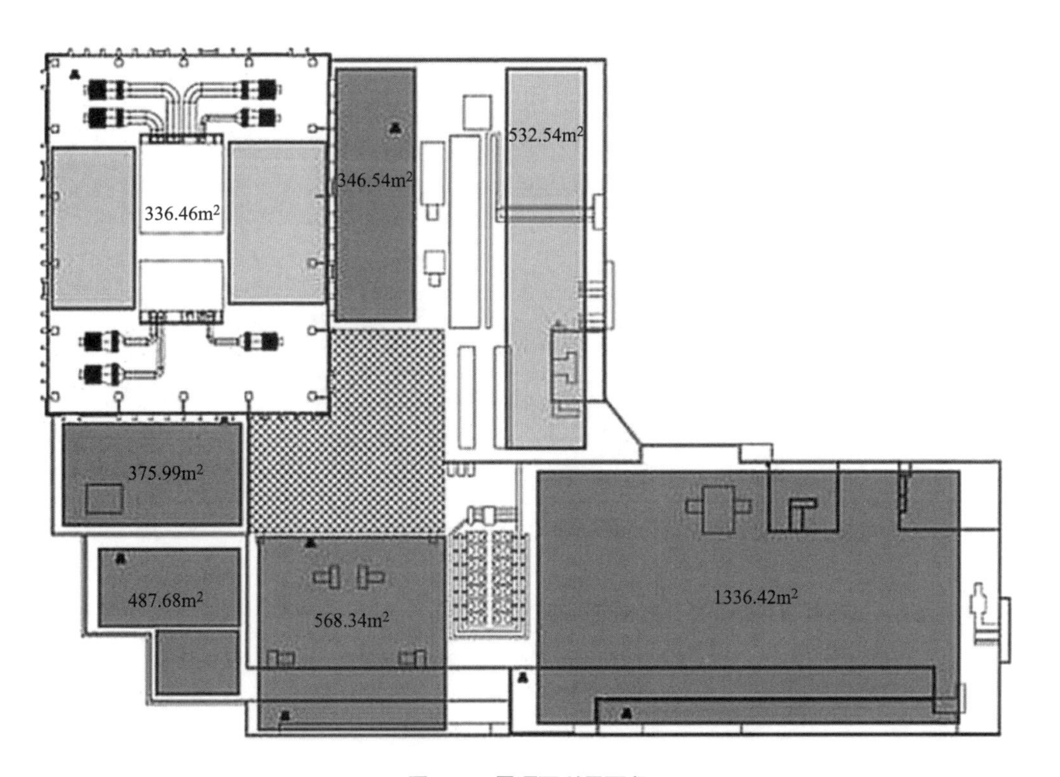

图 6-8　屋顶可利用面积

从华清广场屋顶航拍照片可以看出屋顶现状设备情况较为复杂，屋面呈现出较多类型的设备，且占据了较多的屋顶空间。屋面设备类型有影院空调室外机组、垃圾处理排风机组、送风管道、空调机组和排风机组（图6–9）。因此，对建筑屋顶空间设计时要充分考虑设备位置和遮蔽问题。

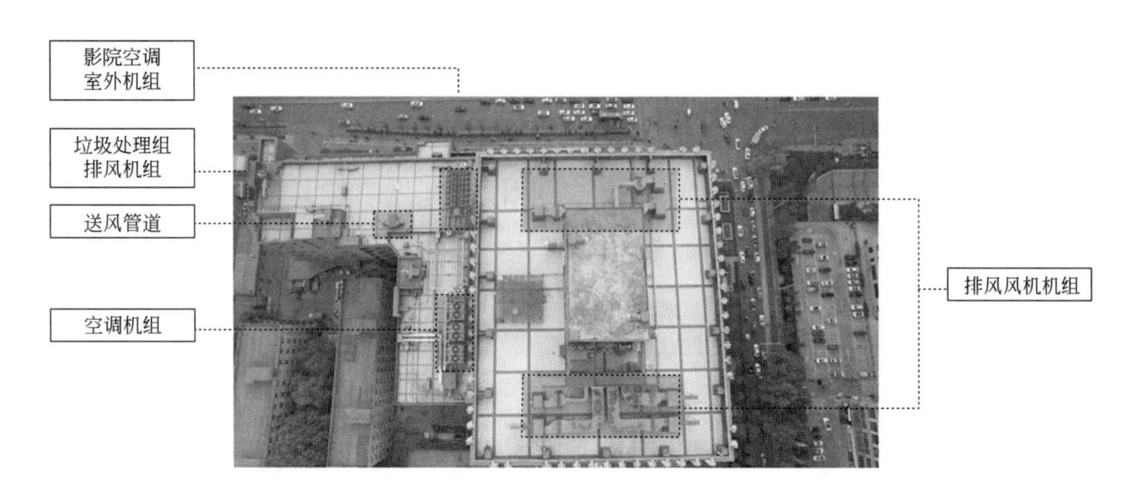

图 6–9 屋顶设备分布

6.2 示范项目的方案内容

根据华清广场的业态和地理位置，确定其屋顶空间的功能为亲子互动、景观、商业、休憩等。大面积的花园屋顶和草坪屋顶可营造屋顶空间的景观环境（图6–10），屋顶跌落形态，结合系统地雨洪调蓄功能，辅以水景观设计形成特色空间。屋顶花园、屋顶草坪，地面LID措施等形成有效的屋顶雨洪调蓄功能。

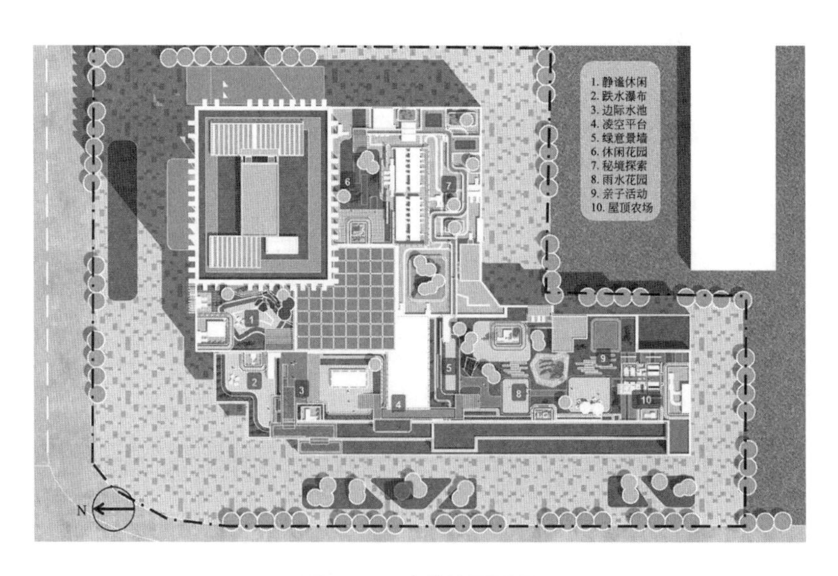

图 6–10 建筑总平面图

屋顶空间功能根据现状特点和屋顶形式分别设计了静谧休闲空间、跌水瀑布景观、边际水池景观、凌空平台、绿意景墙、休闲花园、秘境探索、雨水花园、亲子活动和屋顶农场，可以充分满足周边居民亲子活动需求和大学生休闲打卡需求，大大增强了华清广场的客流吸引能力（图6-11～图6-15）。通过屋顶不同功能空间组合，形成丰富有趣的屋顶活动空间，为华清广场商业增添新的人群、活力和商业模式。

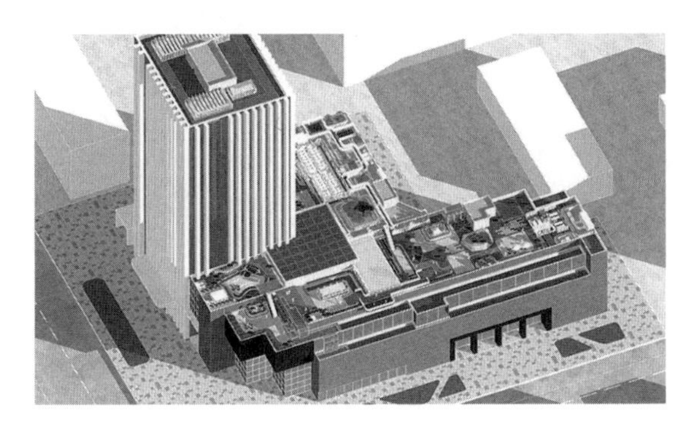

图6-11　屋顶轴测图

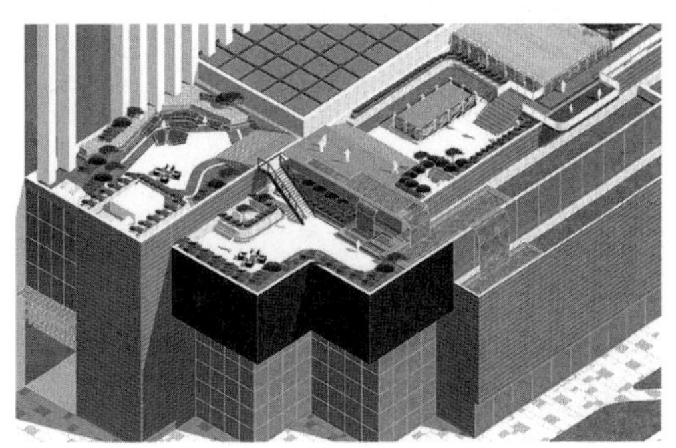

图6-12　屋顶局部轴测图

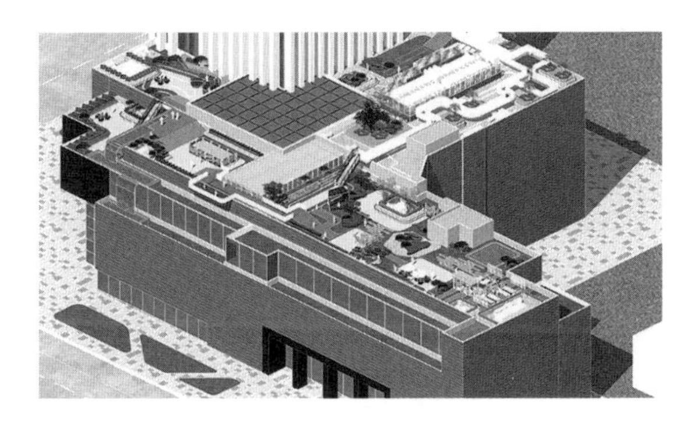

图6-13　屋顶轴测图

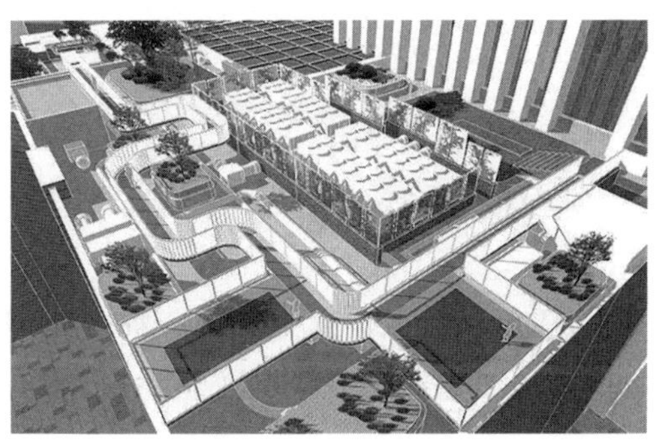

图6-14　秘境丛林区域图

图6-15　屋顶农场区域图

华清广场屋顶现状设备散布不均、种类繁多，冷却塔、送风机等设备具有较大的噪声和气味，电路管线又较多地散布在屋顶，混乱的屋顶影响屋顶功能空间的组织。针对不同的设备类型和形态，采用了不同的处理方式。对于大型的冷却设备通过垂直景观墙和木格栅遮蔽，起到阻隔视线、美化环境和减少噪声干扰的作用（图6-16）；对于小型排风出风设备通过种植池结合公共座椅设计，在种植池用灌木花草等植物装饰，起到阻隔视线和休憩的功能（图6-17）；对于屋顶管线设施，可以通过区域架空实现屋顶空间的利用，同时预留出一定的检修维护空间（图6–18、图6–19）。

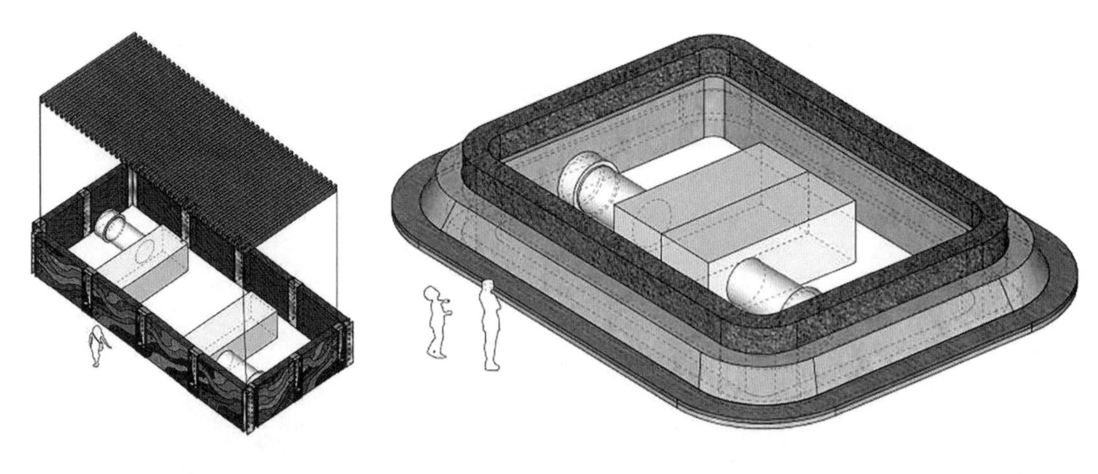

图6–16　大型设备处理方式　　　　图6–17　小型设备处理方式

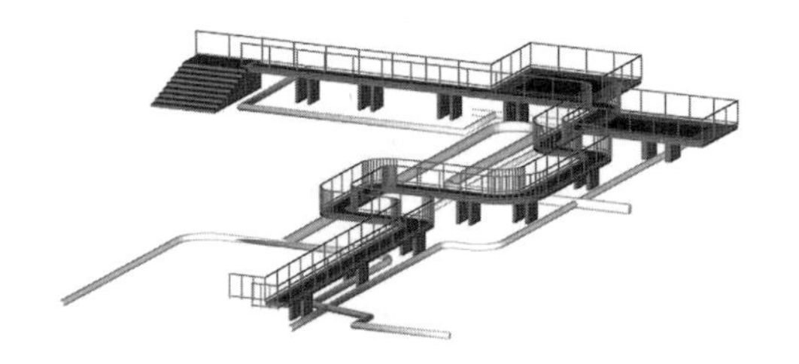

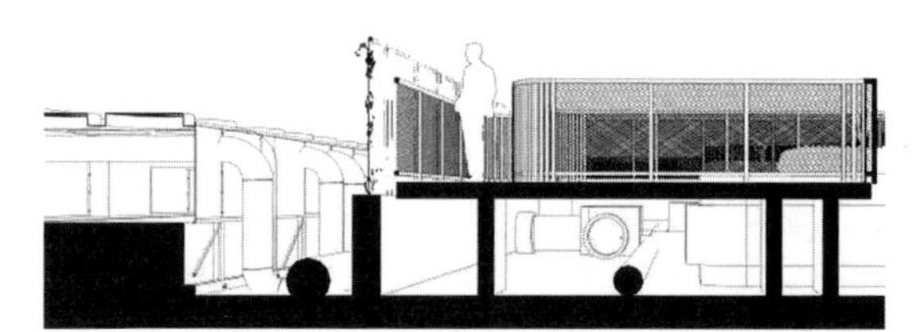

图6–18　管线设备区域架空设计

图6–19　设备遮蔽效果

华清广场商业建筑由于其室内功能复杂、立面退台式设计，其屋顶呈现出不同标高的7个屋顶片区。屋顶空间设计充分利用不同高差空间之间的落差塑造景观效果，通过跌水、垂直景墙、景观楼梯等设计元素消解高差，钢制楼梯连接各个屋顶区域，使整个屋顶连接一起形成互通的交通动线（图6–20）。

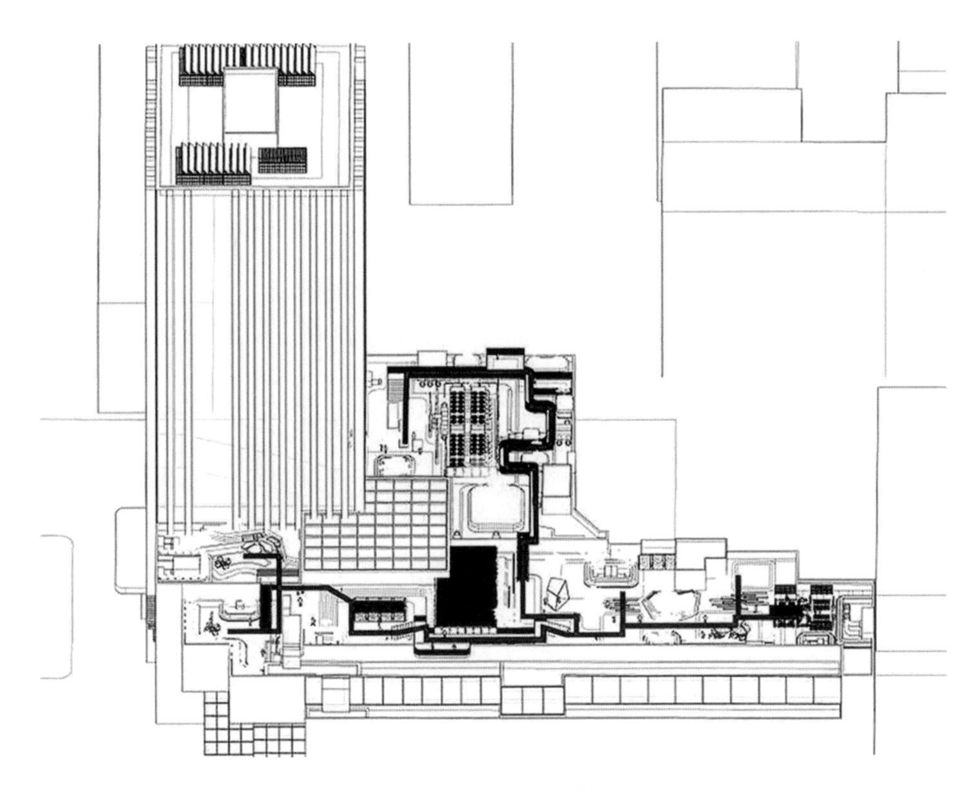

图 6-20 屋顶交通设计

屋顶主要通道是由南北方向的主要干道，连接节点两侧丰富的景观，形成人群在游览时多变的空间感受，小区域空间之间串接，形成支路，使主要交通人流不影响小区域空间人群的使用感受。南北方向主要通道是通过蜿蜒回环的路径，配合屋顶花园景观形成的童趣探索空间（图6-21）。华清广场商业综合体屋顶花园利用高差创造突出于屋面的观景台（图6-22 、图6-23），结合水景形成的“边际水池”和架空于屋面的“凌空平台”（图6-24、图6-25），观景台上良好的视野可以俯瞰城市，形成标志性的打卡空间。突出于屋顶的观景台丰富了建筑沿街立面，形成街道、行人与屋顶使用者之间的视觉和行为互动，屋顶流水瀑布和人来人往的动态景观大大增强了建筑的独特性。

图 6-21 交通节点效果

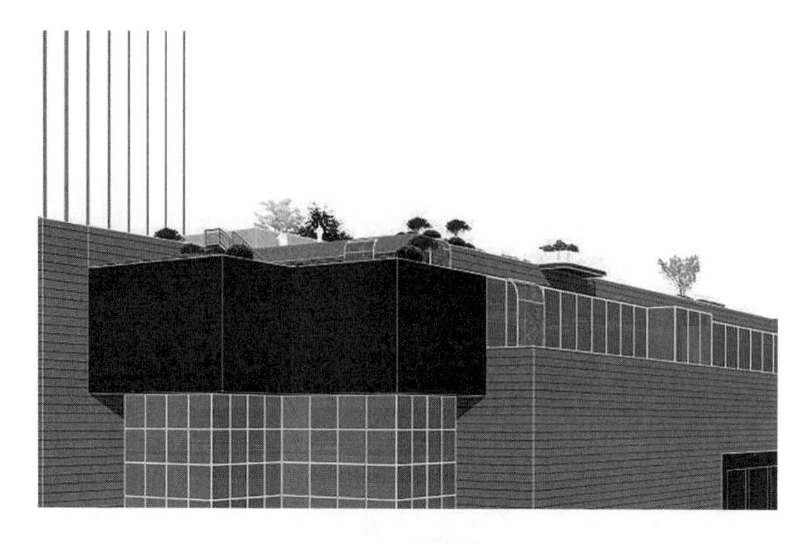

图 6-22　立面效果

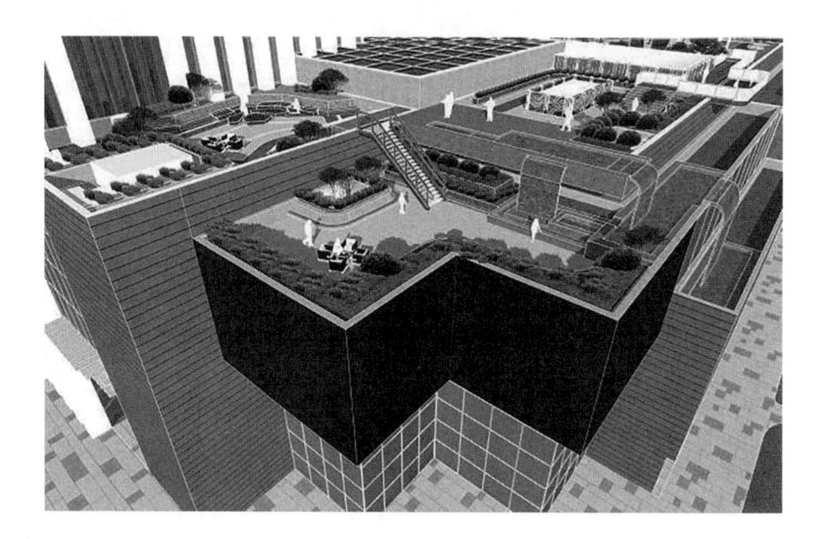

图 6-23　屋顶局部效果

图 6-24　边际水池效果

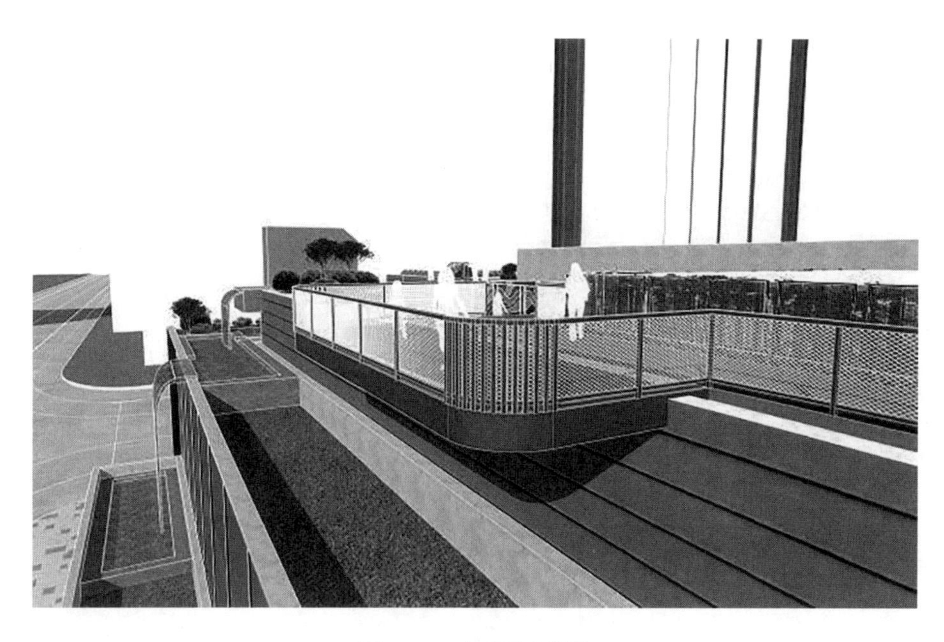

图 6-25 凌空平台效果

华清广场多级阶梯状屋顶充分利用高差形成有利于雨水资源利用，富有特色的活动空间和外观效果。屋顶的“凌空平台”位于退台屋顶，虽悬空但未突出于下层屋顶投影线，兼顾安全与观景效果。不同高度的屋顶空间以适宜的功能，通过景观楼梯相互连接，使屋顶空间呈现出丰富的空间形态（图6-26）。

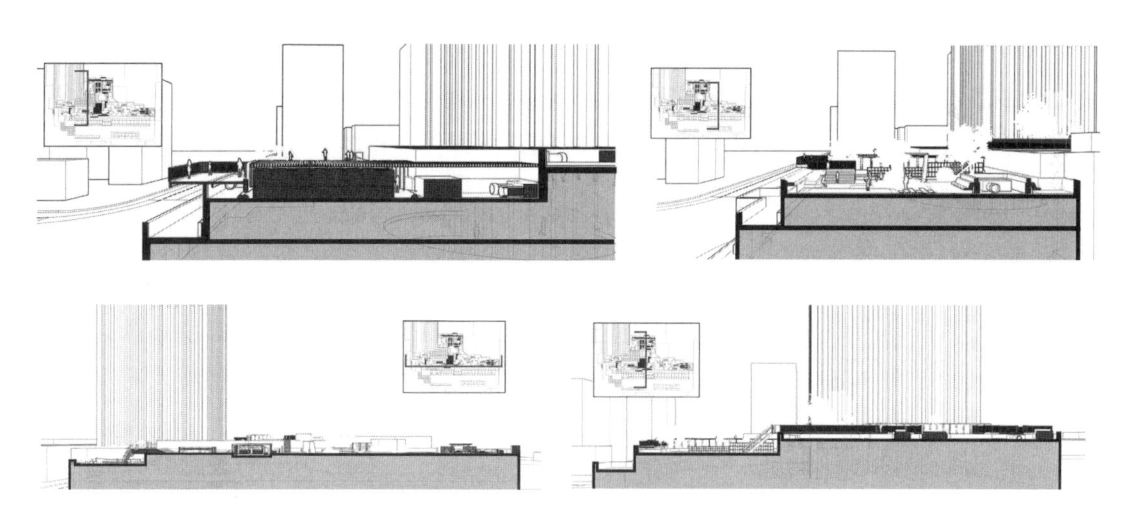

图 6-26 各方向剖面

优化设计后的华清广场屋顶空间绿化面积约为3500m^2，占总屋顶面积约为52%，其中草坪式屋顶占比30%，花园式屋顶占比22%。屋面空间草坪式绿化、花园式绿化、雨水花园等LID 措施，穿插于现状屋顶各种设备之间，创造富有层次景观效果，并且达到较好的雨洪调控能力（图6-27）。

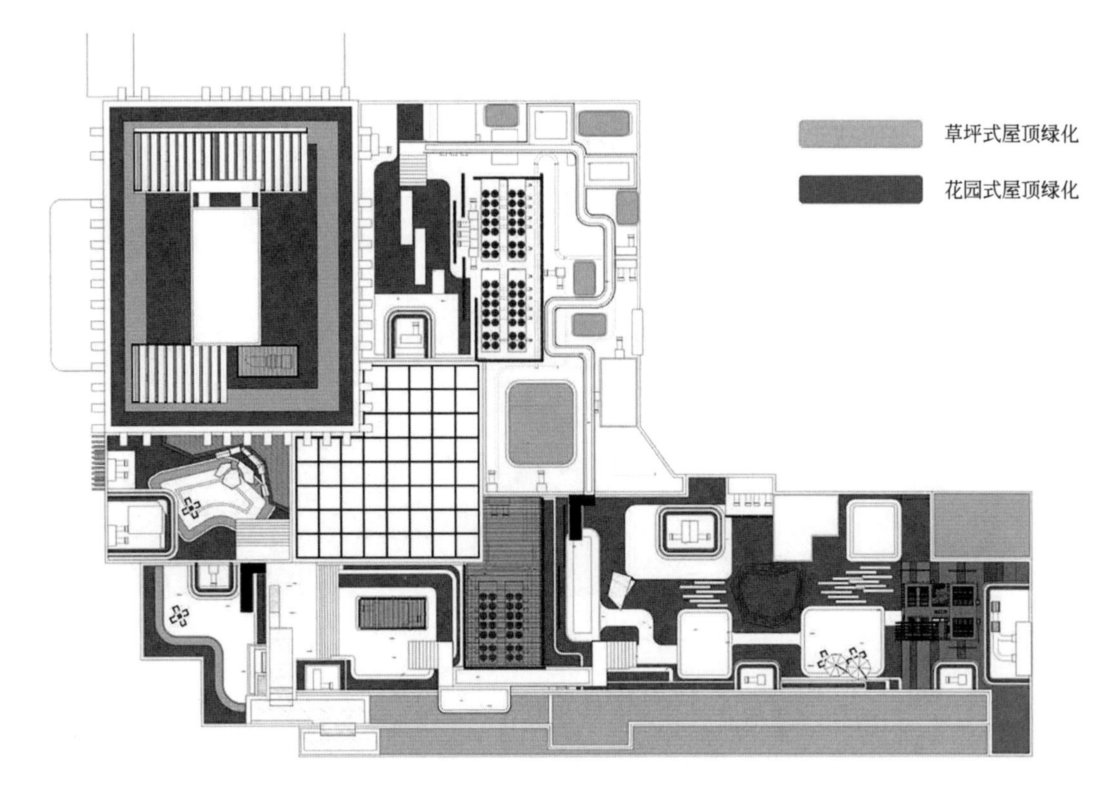

图 6-27　屋顶绿化空间分布

景观可以丰富屋顶节点空间的效果，利用微地形高差对开放区域的空间进行限定，搭配灌木和小型树木形成层次丰富的空间环境。设备附近通过垂直景墙搭配多层次植物阻隔大型设备的噪声和视线影响，形成多层次空间感受。铺地收边处多采用砾石、鹅卵石等元素，增强雨水的吸收渗透能力，增加活动广场铺地材料种类和视觉效果，同时在附属设施上采用户外遮阳座椅提供人群休息空间，并设置了轻质框景小品增强与人群之间的互动（图6-28）。设计分别选取了绿色屋顶、透水铺装、雨水花园和植草沟四种LID 措施，通过四种LID 措施的配合大大提高雨水的吸收能力，从而减少雨水径流排出，缓解区域的洪涝灾害发生（图6-29 ）。透水铺装可以采用符合商业建筑的材料形式，例如轻质彩色混凝土提升商业氛围。雨水花园的设置可以增加商业建筑前广场的环境品质，提供给人群较好的购物环境感受。

在屋顶排水路径优化设计上应该选择OUTLET 路径与IMPERVIOUS 路径，就是将绿地空间与不透水空间平行布置或者将绿地透水空间布置在上游，径流先由绿地流向不透水区，再流向出水口，这两种布置方式可以明显减少雨水径流洪峰。以华清广场综合体原屋顶排水管道和排水坡面为基础通过优化排水路实现两种排水路径组织（图6-30）。华清广场屋顶优化后的雨水路径，提升雨水径流调控的效果。绿色屋顶空间排水构造（图6-31）由上至下分别是：草坪面层、基质土壤、排水层、防水阻根层和结构层，在排水管沟两边填充轻质透水砾石，增加雨水吸收量，减少排水管沟附近雨水排放不及时造成积水。

(a) 开放区域节点　(b) 景墙节点

(c) 屋顶花园节点　(d) 交通节点

(e) 休闲设施节点　(f) 小品节点

图 6–28　屋顶景观节点

建筑雨水排放中雨水断接的设计可以有效提升雨水径流调控能力，延迟洪峰径流。在华清广场屋顶空间雨水排放至地面过程设计雨水断接模式（图6–32），在室外雨水管口设置生态草池和透水铺装，雨水经过管口排出后首先通过生态草池进一步吸收、缓流，然后再通过透水铺装吸收、缓流，最终排放至市政管道。通过雨水断接，增强雨洪调控能力。

由于华清广场综合体绿色屋顶优化设计是改造设计，因此在原有屋顶防水上需要进行二次一级防水设计，以免屋顶雨水渗漏造成室内空间渗水的问题。在二次防水构造施工过程后，应注意需进行屋顶闭水实验，蓄水深度应在30mm左右，在24h后观察室内顶面是否有漏水现象。

华清广场商业综合体雨水利用方式包括以下方面：

（1）用于洗车、冲厕和绿化灌溉。华清广场商业负一、二层为停车场，可以在停车场设置洗车区，将净化过的雨水用于洗车，也可以储存在蓄水池中，再将蓄存的水直接浇灌给植物。冲洗厕所的雨水先净化以免堵塞水箱。

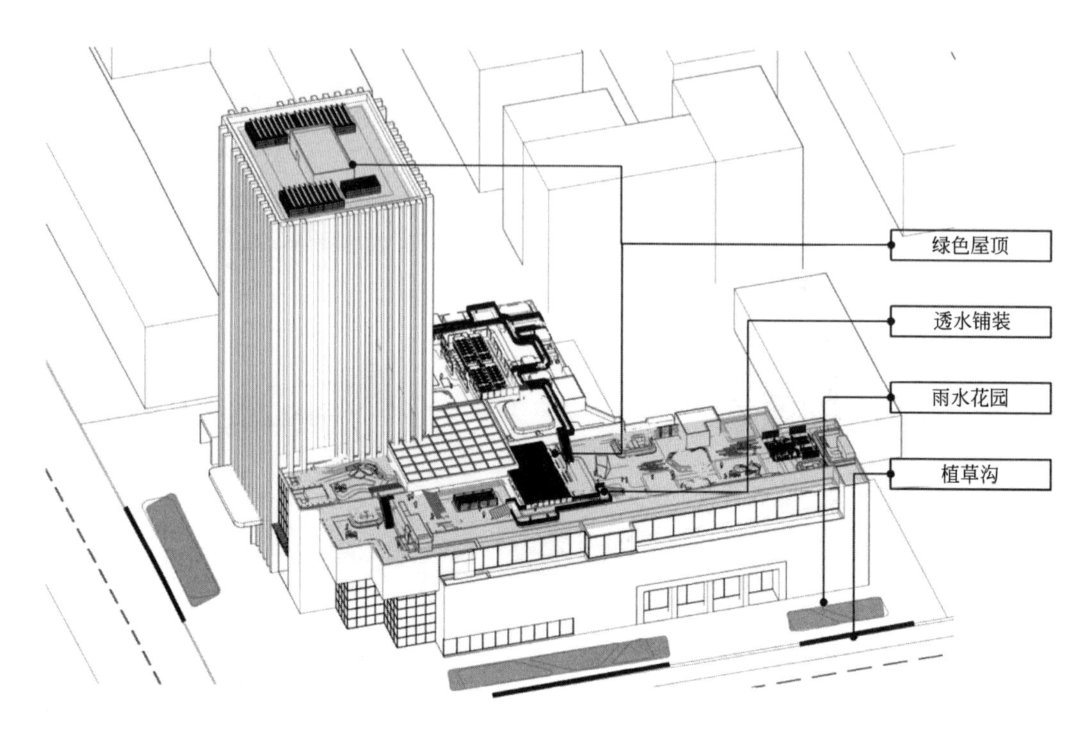

图 6–29　LID 措施分布

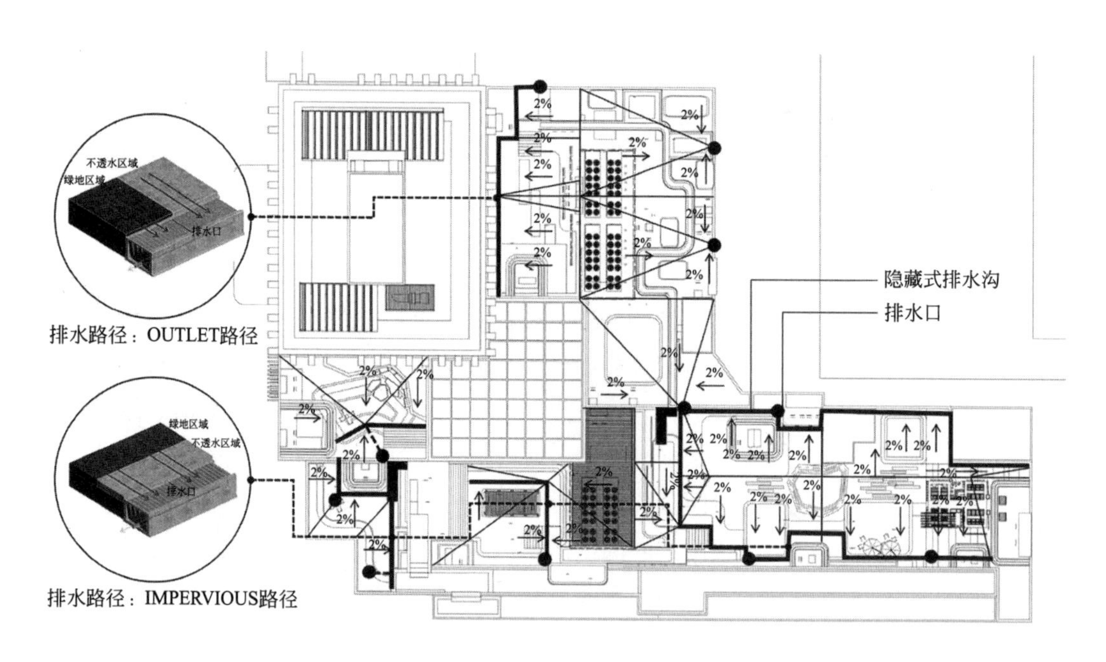

图 6–30　屋顶排水设计

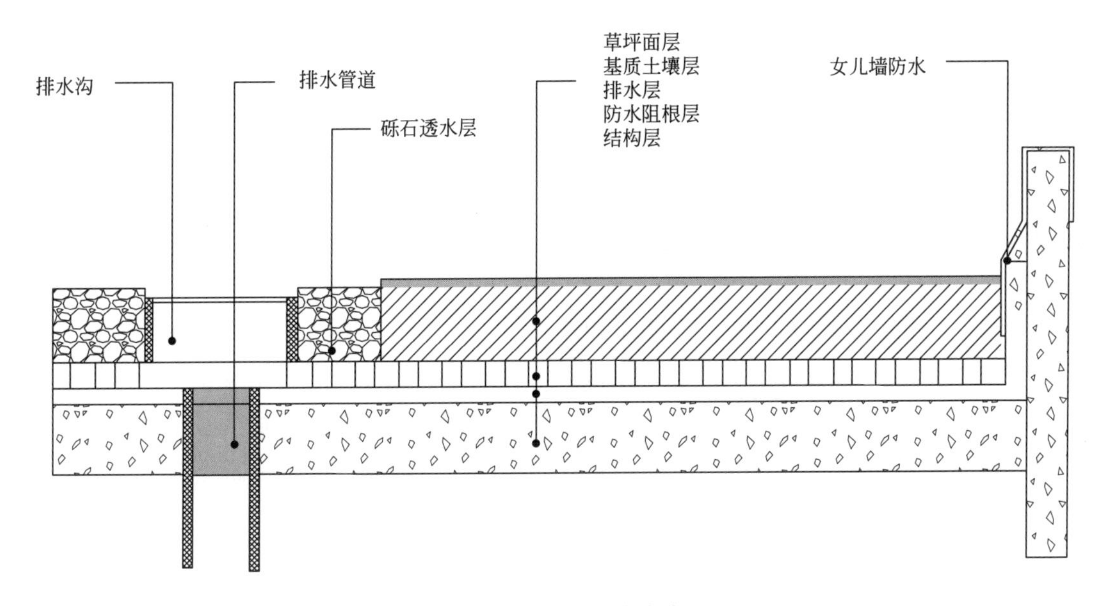

图 6-31　屋顶层排水构造

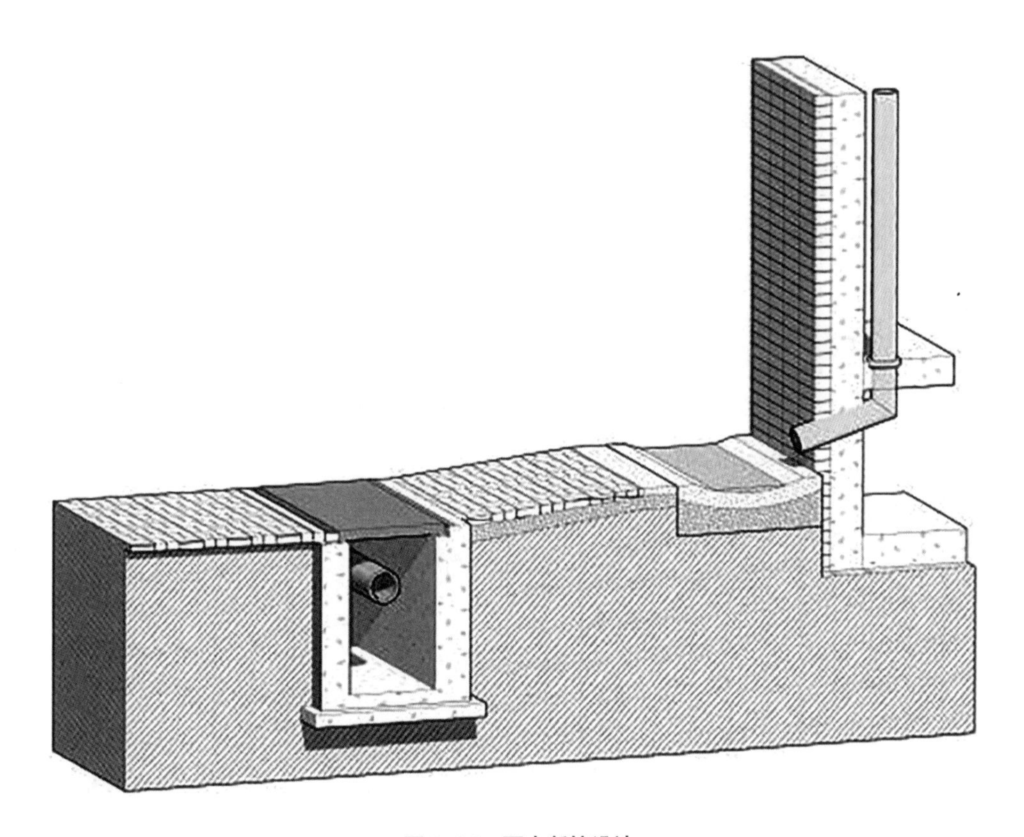

图 6-32　雨水断接设计

（2）用于调节室内温湿度，降低温室效应，节约能源。在华清广场的大面积玻璃面上设计雨幕，夏季可以有效降低建筑表皮及周边环境温度，减少一定的能耗，营造舒适的微气候环境。水幕作为雨水利用的一种方式需要考虑稳定的雨水储存供应，在建筑屋顶或内部设立水池储存雨水；以输水管道连接上位和下位水池，输送到水池，储存在储罐中，形成雨水景观循环回路以确保稳定的景观效果。

6.3 示范项目设计策略效果验证

华清广场商业综合体雨洪调控体系如图所示，降水下落在建筑表面与地面后，屋顶花园首先将降落的雨水吸收，当屋顶花园雨水吸收饱和后开始通过排水系统向地面排水（图6-33）。屋顶排水与地面雨水形成断接，在断接处设置生态草沟进一步增强雨洪调控效果。排出的雨水再通过地面设置的雨水花园进一步吸收储存雨水，最终排放至市政管道。降水通过各层级的吸收后有序地排放至市政管道从而大大地减缓了区域洪涝灾害的产生。

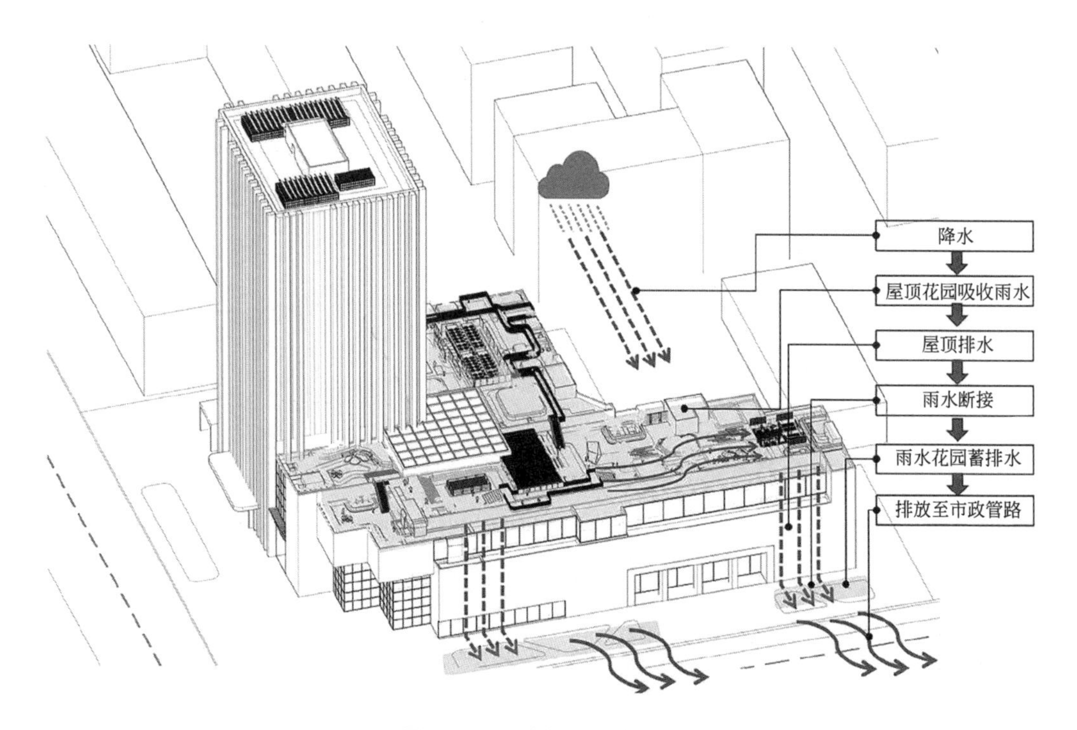

图6-33 雨水径流调控原理

优化设计后的华清广场屋顶空间绿化面积约为3500m²，占总屋顶面积约为52%，其中草坪式屋顶占比30%，花园式屋顶占比22%，屋面排水坡度设计值为2%，排水路径设计分别为OUTLET 路径和IMPERVIOUS 路径。使用SWMM 软件对华清广场屋顶空间进行雨水径流的模拟分析。模拟流程和参数依照西安市降水情况设置4 种不同的降雨强度（分别为2 年一遇、10 年一遇、20 年一遇和50 年一遇降雨强度），验证在不同降雨情况下屋顶空间对于雨洪调控效应的情况。通过模拟结果可以初步看出（表6-1），绿色屋顶空间对于屋顶径流洪峰产生了调节作用，分别出现了两次波峰，避免了在降雨强度最大的情况下产生较大的径流增加市政管道排水压力。通过模拟软件径流去向分析可以看出经过屋顶的降水有77.64%被屋顶花园所吸收，18.77%雨水径流产出，说明绿色屋顶能够大幅度提升雨水的吸收，对于区域内雨洪调控起到了显著的作用，有效地减少了屋顶雨水径流排放和城市洪涝灾害（图6-34）。

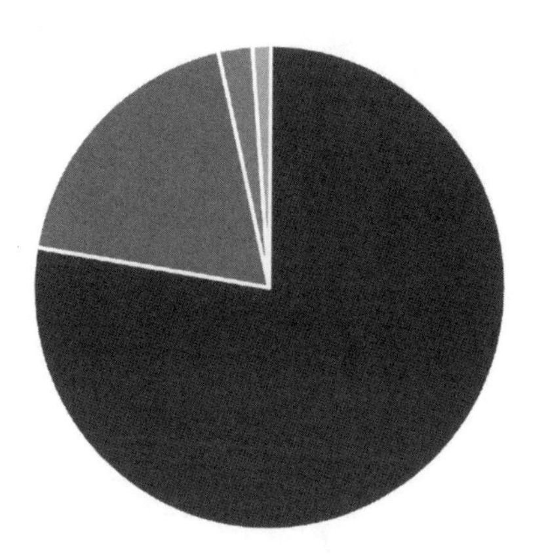

图 6-34 雨水途径

华清广场屋顶雨水径流模拟 表 6-1

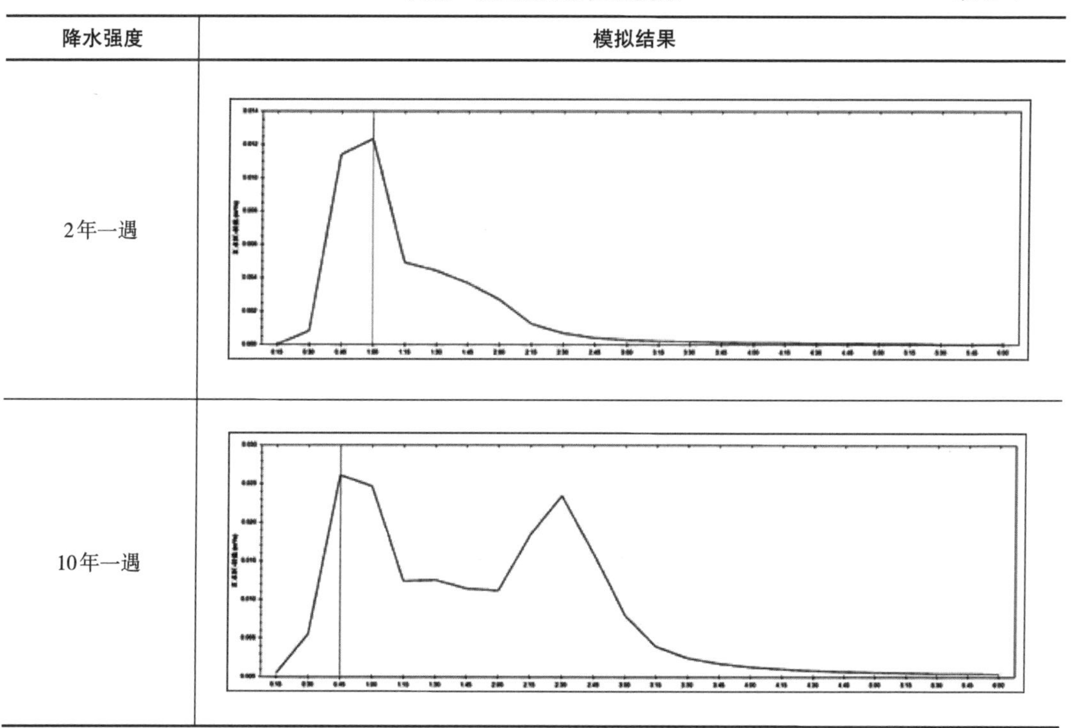

降水强度	模拟结果
2年一遇	
10年一遇	

续表

降水强度	模拟结果
20年一遇	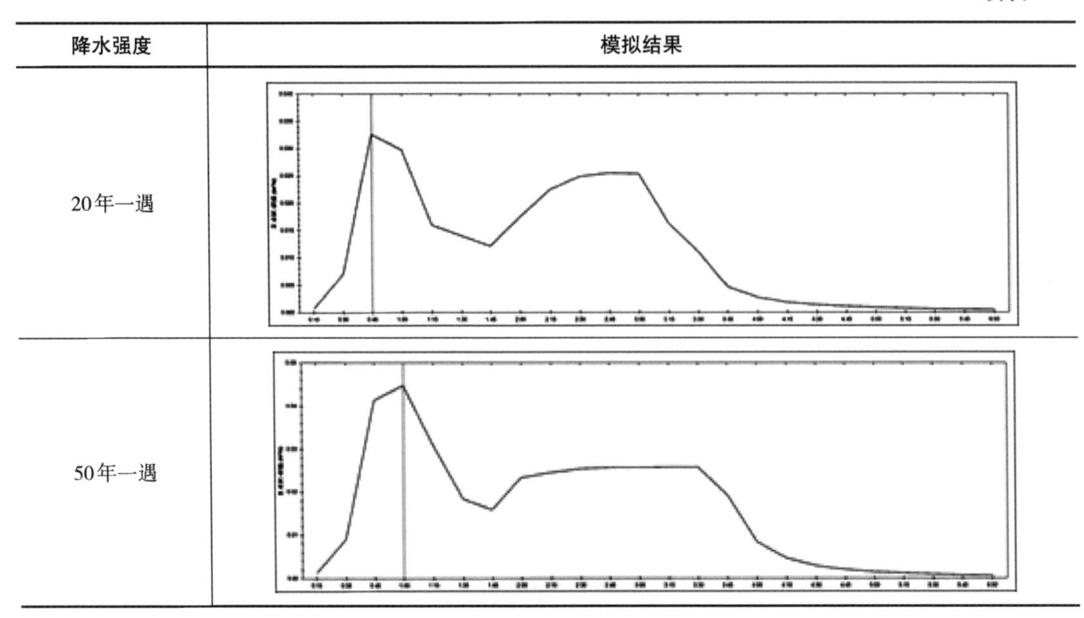
50年一遇	

通过对优化设计后的屋顶空间雨水径流模拟结果与原始屋顶雨水径流模拟结果的比对分析其屋顶空间雨洪调控效应，可以看出在2 年一遇的降水情况下（图6–35），屋顶洪峰径流调控效应和径流总量调控效应分别达到了78.26%和72.23%；在10 年一遇的降水情况下，屋顶洪峰径流调控效应和径流总量调控效应分别达到了77.63%和48.63%；在20年一遇的降水情况下，屋顶洪峰径流调控效应和径流总量调控效应分别达到了76.97%和39.18%；在50 年一遇的降水情况下，屋顶洪峰径流调控效应和径流总量调控效应分别达到了74.28%和31.86%。以上说明经过优化设计后的商业建筑屋顶对于雨洪调控起到了较强的作用（表6–2、表6–3）。

绿色屋顶径流模拟结果统计 **表 6–2**

降水强度	洪峰径流（m^3/s）	径流总量（ mm ）	洪峰时间（h）	产流时间（h）
2 年一遇	0.0123	6.05	1	0.25
10 年一遇	0.0261	24.54	0.75	0.25
20 年一遇	0.0326	35.63	0.75	0.25
50 年一遇	0.0447	50.28	1	0.25

原始屋顶径流模拟结果统计 **表 6–3**

降水强度	洪峰径流（m^3/s）	径流总量（ mm ）	洪峰时间（h）	产流时间（h）
2 年一遇	0.0566	21.79	1	0.25
10 年一遇	0.1167	47.78	1	0.25
20 年一遇	0.1416	58.98	1	0.25
50 年一遇	0.1738	73.79	1	0.25

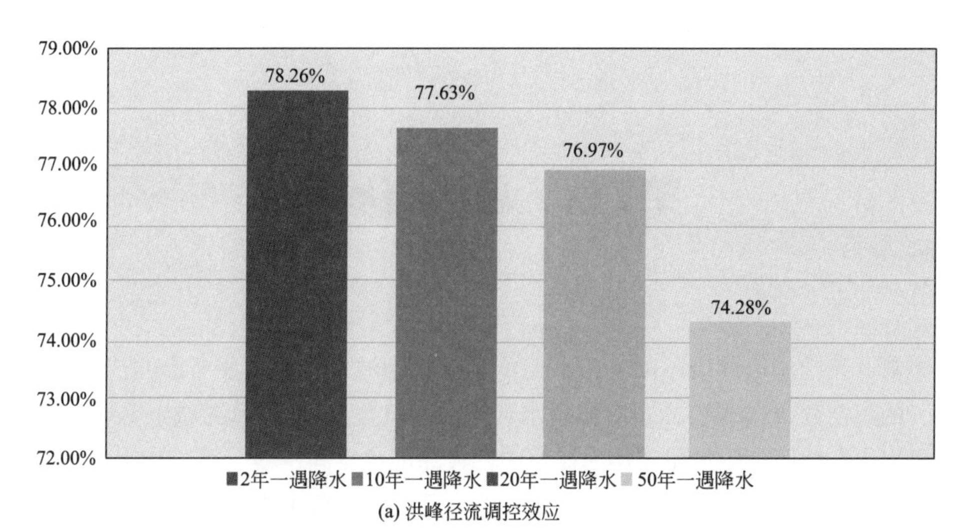

(a) 洪峰径流调控效应

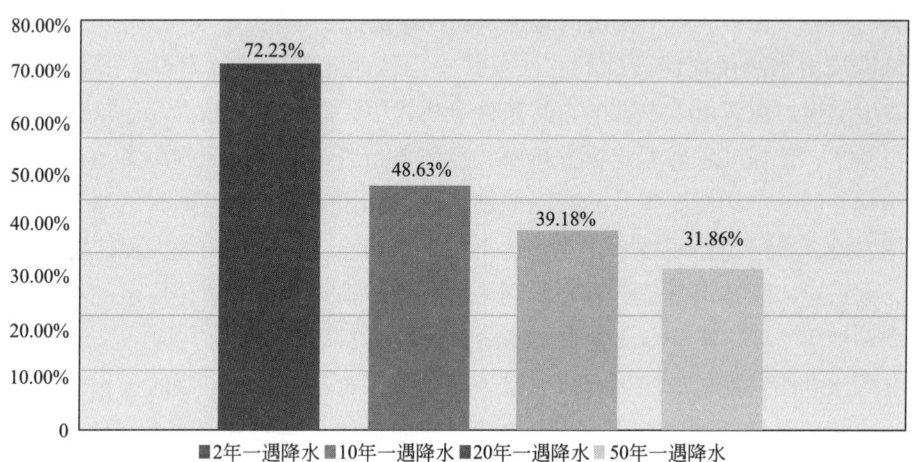

(b) 径流总量调控效应

图 6-35　雨洪调控效应

通过将建筑屋顶设计策略应用于西安市典型商业综合体华清广场的屋顶印证其雨洪调控效应（图6-35）。基于西安市华清广场商业建筑现状的全面调研，根据其所在的区位，结合华清广场商业建筑屋顶标高及屋面设备变化情况，增强其屋顶可达性，以雨洪调控为导向对华清广场商业综合体从屋顶空间组织、设备、交通、雨水系统、景观、业态等方面提出设计策略。通过SWMM 软件对设计优化后的建筑屋顶进行了雨水径流模拟，在2 年一遇的降水情况下，屋顶洪峰径流调控效应和径流总量调控效应分别达到了78.26%和72.23%；在10 年一遇的降水情况下，屋顶洪峰径流调控效应和径流总量调控效应分别达到了77.63%和48.63%；在20 年一遇的降水情况下，屋顶洪峰径流调控效应和径流总量调控效应分别达到了76.97%和39.18%；在50 年一遇的降水情况下，屋顶洪峰径流调控效应和径流总量调控效应分别达到了74.28%和31.86%。其中，在绿色屋顶的调蓄下雨水径流的77.65%被屋顶花园所吸收，仅有18.77%被排出。在不同的降水情况下验证了绿色屋顶空间对于区域雨洪调节的作用。

第7章　总结与展望

近年来，我国城市内涝不断加剧，雨洪管理成为城市建设主要考虑的部分之一。“海绵城市”的广泛建设体现出社会对城市水环境治理日益重视。“海绵城市”对雨水径流的管理主要集中在地面，建筑屋顶作为城市中巨大的汇水空间，其空间的有效利用可缓解高密度城市有限的地面空间在城市雨水“渗、滞、蓄、排”四个方面的局限性，建筑屋顶对雨水径流的调控，为解决城市雨洪问题提供新的思路。

建筑屋顶雨水利用功能设计的方法及其应用从西北地区城镇干旱、雨水年际分配不均，易发生洪涝、泥石流等灾害的自然条件分析入手，总结国内外古今建筑雨水资源利用的经验与智慧，依托气象数据定量分析西北地区典型城镇雨水资源利用潜力，分析建筑与雨水利用相关的基本构成要素及其联动机制，总结利用建筑就地、即时、高效利用雨水资源的理论、设计方法与通用技术，完善建筑的生态功能，以城镇中量大面广的建筑主动调控雨水，并通过实际案例确证具有雨水利用功能的城镇建筑设计理论方法的有效性，以点带面减弱和消弭干旱、洪涝等多重灾害影响。

具有雨水利用功能的建筑屋顶就是赋予建筑屋顶蓄存、过滤、吸收雨水的新功能，让建筑成为自然雨水循环过程有机一环，构建建筑与自然之间的良性关系。具有雨水利用功能的建筑屋顶其形态因雨水利用方式不同表现为多元性，因调控雨水要素的增加使结构表现为强韧性，因其前期设备投入可产生长期持续的社会、经济和生态收益而表现出长期性的特点。建筑屋顶与外在环境要素之间的联系的加强大大提升了建筑的功能。受地区地质、水文、降水状况的影响，通过将建筑雨水收集–净化–储存过程与建筑供水–排水系统相融合，整合主动利用雨水的新型屋顶花园、墙面立体绿化、空中花园等要素，为具有雨水利用功能的建筑屋顶提供新的形态、结构、功能和雨水系统的模式创新的可能，提升建筑汇水、导水及净水等功能，赋予建筑像植物一样对雨水的新陈代谢功能，以化害为利的方式，缓解城镇缺水、延缓水患的形成，以城镇建筑韧性的提高对抗生态脆弱地区城镇脆性。

具有雨水利用功能建筑屋顶建设现状与问题成因的调查，在明确城镇雨水利用潜力的基础上，比对分析国内外不同组合方式的建筑屋顶雨水收集利用的方法，筛选出在西安市降雨规律下适用的具有雨水利用功能的屋顶模式，并以西安市碑林区西安建筑科技大学所属的建科大厦的屋顶空间为典型案例，研究城市不同功能建筑屋顶雨水径流调控效果，通过对其屋顶雨水排放过程进行SWMM模型模拟，证实能够有效提升雨水径流调控效果，实现具有雨水利用功能的建筑设计方法到实践应用的转变，并推演出其在城市雨洪管理和雨水径流调控中的作用，建立具有雨水利用功能建筑屋顶雨水循环系统，实现建筑屋顶雨水调控功能。

建筑屋顶从“雨水快速排出”到“雨水的收集与利用”，最终实现排用结合的发展过程，体现了设计理念与技术的进步，排用结合的屋顶分为以绿色为主与以蓝色为主两种，以蓝色为主的屋顶主要与建筑雨水收集-净化-利用-排除的雨水系统相关，以绿色为主的屋顶谋求建筑功能、空间组织、水系统的完善和结构构造等的最佳耦合方式。通过构建屋顶由“集”流、“径”流、“渗”流、“蓄”流和“净”流五个子系统组成的雨水循环利用系统，实现最大程度减少雨水径流的污染物，对雨水径流总量、峰值流量和速率的有效控制和雨水资源化的利用。

具有雨水利用功能的建筑屋顶形态、结构安全、雨水系统、种植、空间组织、设施组织的设计策略中屋顶形态、高度、面积、形状等是确定最佳的雨水利用方式的依据，同时也为屋顶雨水利用提供了基础；建筑屋顶结构、材料和构造应充分考虑雨水收集过程中持续增加的动静荷载，确保结构安全；建筑屋顶雨水系统应根据雨水利用方式、屋顶高度和形态选择成本可控、耐久性强、便于清洁管理和简洁可控的系统，以应对长期运行过程中多种可能性与极端条件带来的风险；具有雨水利用功能的建筑屋顶绿化应根据不同屋顶高度、不同日照条件、风速和湿度等特点选择适当的绿化模式，在确保与屋顶结构的连接稳固下合理选择适地适生的乔冠草品种，注重养护管理，保持土壤基质的养分、水分、硬度与孔隙率，保证植物持续的长势和景观效果；具有雨水利用功能的建筑屋顶使用功能组织应优先考虑与下层建筑空间的协调，根据空间的可达性适当扩大服务范围，功能以实用性为主；建筑屋顶设施应充分协同和平衡建筑设备、管线与屋顶空间使用效果，通过管线在屋顶位置的选择调整，实现雨水利用的最大可能性。

通过建筑雨水利用相关的基本构成要素及其联动，建筑就地、即时、高效利用雨水资源的理论、设计方法与通用技术能够完善建筑的生态功能，对于城镇雨水资源的永续利用、水生态危机的缓解、城镇雨洪安全、洪涝风险控制、建筑的绿色高质量发展均具有积极意义，持续利用雨水资源的建筑必将为建筑-生态-社会协同发展提供源源不断的动力、理论支撑、可选路径与项目示范。

资源可持续利用的绿色建筑是综合性很强的课题，“建筑屋顶雨水利用功能的设计理论及应用”需要建筑学、城乡规划学、风景园林、环境工程、生态学等学科共同努力，揭示其内在规律及具体设计理论与方法，未来多学科协同研究还有很多工作需要完成。

参考文献

［1］仇保兴.海绵城市（LID）的内涵、途径与展望［J］. 建设科技，2015（01）：11-18.

［2］中华人民共和国住房和城乡建设部. 城市水系规划规范：GB50513-2009.［S］. 北京：中国建筑工业出版社，2009.

［3］中华人民共和国住房和城乡建设部. 海绵城市建设技术指南——低影响开发雨水系统构建（试行）［S］. 2014.

［4］海绵城市建设技术指南-低影响开发雨水系统构建（试行）发布实施［S］. 北京：中国建筑工业出版社，2015.

［5］俞孔坚，李迪华，袁弘，等. “海绵城市”理论与实践［J］. 城市规划，2015，39（06）：26-36.

［6］俞孔坚. 海绵城市：理论与实践［M］. 北京：中国建筑工业出版社，2016.

［7］南京水利科学研究院. 水利部关于推进海绵城市建设水利工作的指导意见［EB/OL］.［2023-7 - 20］http：//www.nhri.cn/art/2015/8/17/art_2387_31142.html.

［8］吴丹洁，詹圣泽，李友华，等. 中国特色海绵城市的新兴趋势与实践研究［J］. 中国软科学，2016（01）：79-97.

［9］车伍，闫攀，李俊奇，等. 低影响开发的本土化研究与推广［J］. 建设科技，2013（23）：50-52.

［10］US EPA.Low Impact Development（LID）: A Literature Review［R］. United States Environmental Protection Agency，2000.EPA-841-B-00-005.

［11］Darnthamrongkul Wilasinee , Mozingo Louise A. Toward sustainable stormwater management: Understanding public appreciation and recognition of urban Low Impact Development(LID)in the San Francisco BayArea［J］. Journal of Environmental Management, 2021，300：113716-113716.

［12］Joksimovic D, Alam Z. Cost efficiency of low impact development (LID) stormwater management practices［J］. Procedia Engineering，2014，89：734-741.

［13］中国建筑标准设计研究院. 国家建筑标准设计图集《城市道路与开放空间低影响开发雨水设施》：15MR105［M］. 北京：中国计划出版社，2016.

［14］Huang Jeanne Jinhui et al.The optimization of Low Impact Development placement considering life cycle cost using Genetic Algorithm［J］. Journal of Environmental Management，2022，309：114700-114700.

［15］AbduljaleelYasir, Demissie Yonas. Evaluation and Optimization of Low Impact Development

Designs for Sustainable Stormwater Management in a Changing Climate［J］. Water，2021，13（20）：2889-2889.

［16］Siehr Stephanie A, Sun Minmin, Aranda Nucamendi and José Luis. Blue - green infrastructure for climate resilience and urban multifunctionality in Chinese cities［J］. WileyInterdisciplinary Reviews：EnergyandEnvironment，2022，11（5）.

［17］高峰，安培浚，吴秀平. 联合国发布《2019年世界水资源发展报告》［J］. 中国科学院资源环境科学信息中心，2019，（9）：7-9.

［18］刘伟勋. 基于海绵城市建设的合流制溢流污染控制系统多目标优化研究［D］. 北京建筑大学，2020.

［19］许博文. 沣西新城海绵城市生物滞留设施地被植物群落设计研究［D］. 西安建筑科技大学，2019.

［20］侯晓赫. 哈尔滨市中心区低影响开发雨洪空间规划策略研究［D］. 哈尔滨工业大学，2019.

［21］马秘，杨云川，黎倩云，等. 南宁市设计降雨及其总量控制率时空异质性特征［J］. 水资源与水工程学报，2022，33（02）：35-44，53.

［22］范峻恺，徐建刚，胡宏. 基于BP神经网络模型的海绵城市建设适宜性评价——以福建省长汀县为例［J］. 生态经济，2019，35（11）：222-229.

［23］王玉洁，秦大河.气候变化及人类活动对西北干旱区水资源影响研究综述［J］. 气候变化研究进展，2017，13（05）：483-493.

［24］钱正安，吴统文，宋敏红，等. 干旱灾害和我国西北干旱气候的研究进展及问题［J］. 地球科学进展，2001（01）：28-38.

［25］王浩，李文华，李百炼，等. 绿水青山的国家战略、生态技术及经济学［M］. 南京：江苏凤凰科学技术出版社，2019.

［26］刘闻，曹明明，宋进喜，等. 陕西年降水量变化特征及周期分析［J］. 干旱区地理，2013，36（05）：865-874.

［27］Huibin Yu，Yonghui Song, Xin Chang et al. A Scheme for a Sustainable Urban Water Environmental System During the Urbanization Process in China［J］. Engineering，2018，4（2）.

［28］Chao Bao，Chuang-lin Fang. Water resources constraint force on urbanization in water deficient regions: A case study of the Hexi Corridor, arid area of NW China［J］. Ecological Economics，2007，62（3）.

［29］董家林. 生态中国——城市立体绿化［M］. 沈阳：辽宁科学技术出版社，2018.

［30］魏泽崧，汪霞. 我国古代雨水利用对当代海绵城市建设的启示［J］. 华中建筑，2016，34（05）：132-136.

［31］村濑诚. 把雨水带回家——雨水收集利用技术和实例［M］. 北京：北京日报出版社，2005.

［32］李亮. 德国建筑中雨水收集利用［J］. 世界建筑，2002（12）：56-58.

［33］中华人民共和国住房和城乡建设部. 建筑与小区雨水控制及利用工程技术规范：GB50400-2016［S］. 北京：中国建筑工业出版社，2016.

［34］刘滨谊，王南. 应对气候变化的中国西部干旱地区新型人居环境建设研究［J］. 中国园林，2010，26（8）：8-12.

［35］张春飞，顾尚鹏. 西北干旱、半干旱地区雨水花园截留效果研究［J］. 市政技术，2018，36（6）：155-158.

［36］胡长涓，宫聪. 基于绿色雨水基础设施应用的建筑灰空间设计研究［J］. 华中建筑，2017，35（09）：16-21.

［37］韩晓莉，宋功明. 基于地域适应机制的黄土沟壑地貌小城镇邻山住区公共空间建构研究［M］. 北京：中国建筑工业出版社，2016，25-30.

［38］茹继平，刘加平，曲久辉，等. 建筑、环境与土木工程［M］. 北京：中国建筑工业出版社，2011：28-32.

［39］吴良镛. 人居环境科学发展趋势论［J］. 城市与区域规划研究，2017，9（02）：1-14.

［40］宋晔皓，栗德祥. 整体生态建筑观、生态系统结构框架和生物气候缓冲层［J］. 建筑学报，1999：4-9，65.

［41］宋进喜. 区域性城市雨水资源化利用的动态分析及优化模式研究国家自然科学基金项目摘要［Z］. 2019.

［42］韩晓莉，宋功明. 绿色建筑示范项目——英国地球生命中心［J］. 建筑与文化，2016（02）：95-97.

［43］产斯友. 建筑表皮材料的地域性表现［D］. 华南理工大学，2014.

［44］应珺，钟华颖，韩冬青. 建筑表皮的分离与整合［J］. 新建筑，2003（05）：49-52.

［45］宋晔皓. 结合自然整体设计——注重生态的建筑设计研究［M］. 北京：中国建筑工业出版社，2000：15-38.

［46］徐一品，傅筱，赵惠惠，等. 回应气候的立面演绎——以沿海经济发达地区居住建筑围护结构研究为例［J］. 建筑学报，2019（11）：9-17.

［47］冯路. 表皮的历史视野［J］. Architect，2004（8）：14.

［48］张涛. 国内典型传统民居外围护结构的气候适应性研究［J］. 西安建筑科技大学，2013.

［49］木雅·曲吉建才. 西藏民居［M］. 北京：中国建筑工业出版社，2009：77-85.

［50］赵西平，赵方周，刘加平，等. 秦岭山地民居墙体构造技术［J］. 西安科技大学学报，2005（25）：114-117.

［51］叶琳昌. 我国建筑防水技术发展历史回顾与展望［J］. 建筑技术，2013，44（03）：226-228.

［52］范路. 梦想照进现实——1927年魏森霍夫住宅展［J］. 建筑师，2007（03）：27-38.

［53］冒亚龙，何镜堂. 适应地方生态气候的建筑设计［J］. 工业建筑，2010，40（8）：49-53，77.

［54］Lindsay Asquith, Marel Vellinga. Vernacular Architecture in the twenty-first Century Theory, education and practice［M］. London and Newyork: Taylor & Francis Group，2005，108.

［55］（美）奥斯曼德森著；林韵然，郑筱津，杜鹏飞译. 屋顶花园：历史、设计与建造

[M]. 北京：中国建筑工业出版社，2006.

[56] Ge Gao, Lihua Zhao, Changshan Wang, et al. Wind-driven rain on a building facade in urban environment [J]. Procedia Engineering, 2017 (205): 1678-1684.

[57] Hui Wang, Wenhui Song, Yusheng Chen. Numerical simulation of wind-driven rain distribution on building facades under combination layout [J]. Journal of Wind Engineering and Industrial Aerodynamics, 2019，188：375-383.

[58] 丹尼尔・罗尔，伊丽莎白・法斯曼-贝克. 整合城市水系统的活性屋顶 [M]. 北京：中国建筑工业出版社，2019.

[59] 胡德胜. 英国的水资源法和生态环境用水保护 [J]. 中国水利，2010 (5): 51-54.

[60] J W Eaton, 欧阳志云. 英国水生态与水管理 [J]. 生态学报，1990 (1): 81-91.

[61] (英)杰森・波默罗伊著；杜宏武，王擎译. 空中庭院和空中花园：绿化城市人居 [M]. 北京：机械工业出版社，2019.

[62] 姜传鉷. 空中庭院 花园住宅的设计及实践 [M]. 北京：中国建筑工业出版社，2017.

[63] 张书函. 北京：海绵城市建设的技术理论与实践 [J]. 建设科技，2015 (13): 13-15.

[64] 西安市水务局. 节水——西安在行动 [EB/OL]. (2020-03-23) [2023-7-20] http://swj.xa.gov.cn/ztzl/cbwmylfs/5eb91bc165cbd813c96b2094.html.

[65] 王建国，王兴平. 绿色城市设计与低碳城市规划——新型城市化下的趋势 [J]. 城市规划，2011，35 (02): 20-21.

[66] 西安市人民政府. "美丽西安・绿色家园"行动园林绿化景观提升工程实施方案 [R]. 2016.

[67] 黄金锜. 屋顶花园设计与营造 [M]. 北京：中国林业出版社，1994.

[68] 代新祥，潘亚宏. 城市建筑屋面绿化技术研究 [J]. 中国医院建筑与装备，2006 (03): 34-37.

[69] 赖晓峰. 屋面绿化关键技术与应用 [J]. 广东建材，2006 (07): 152-155.

[70] 赵建华，曾凡梅. 屋顶花园绿化的特点与技术——以贵阳市金阳会议中心错落式屋顶花园为例 [J]. 贵州农业科学，2006 (03): 104-105+103.

[71] 宋进喜，李怀恩，李琦. 城市雨水资源化及其生态环境效应 [J]. 生态学，2003，(02): 32-35.

[72] 宋进喜，李怀恩，王伯铎，等. 西安市雨水资源化及其利用的探索 [J]. 水土保持学报，2002 (03): 102-105.

[73] Herzog T, Schrade H J, Schneider R, 等. 2000 年德国汉诺威世博会大屋顶 [J]. 城市环境设计. 2016 (6): 30・37.

[74] UK Department for Communities and Local Government. Planning Policy Statement 25: Development and Flood Risk [S]. London, TSO.2011.

[75] 张玉鹏.国外雨水管理理念与实践 [J]. 国际城市规划，2015，30 (z1): 89-93.

[76] 李岳岩，周若祁. 日本的屋顶绿化设计与技术 [J]. 建筑学报，2006 (02): 37-39.

[77] 陈嫣. 日本大城市雨水综合管理分析和借鉴 [J]. 中国给水排水，2016，32 (10):

42–47.

[78] 冯娴慧，李明翰. 美国雨水管理理念与实践的发展历程研究与思考 [J]. 中国园林，2018，34（9）：89–93.

[79] 王春晓，林广思. 城市绿色雨水基础设施规划和实施以美国费城为例 [J]. 风景园林，2015（05）：25–30.

[80] 程江，徐启新，杨凯，等. 国外城市雨水资源利用管理体系的比较及启示 [J]. 中国给水排水，2007，23（12）：68–72. DOI：10.3321/j.issn：1000–4602. 2007. 12.019.

[81] 方芳，陈鸿佳，李倩仪，等. 公共建筑视阈下国外城市雨水利用方式比较 [J]. 中华民居（下旬刊），2014（06）：205–206.

[82] 李云燕，李长东，雷娜，等. 国外城市雨洪管理再认识及其启示 [J]. 重庆大学学报（社会科学版），2018，24（5）：34–43.

[83] GhaffarianHoseini A, Tookey J, Yusoff S. etal. State of the art of rainwater harvesting systems towards promoting greenbuilt environments：A review [J]. Desalination Water Treatment, 2016：57（1），95–104.

[84] Campisano A, Butler D, Ward S, et al. Urban rainwater harvesting systems: Research: Implementation and future perspectives [J]. Water Research, 2017：115，195–209.

[85] Alberto Campisano, David Butler, Sarah Ward, et al. Urban rainwater harvesting systems: Research, implementation and future perspectives [J]. Water Research, 2017，115.

[86] Guo Fengtai, Mao Xiaochao. Study on Rainwater Utilization Engineering Mode in Northern Cities of China [J]. Procedia Engineering, 2012，28.

[87] 李晓燕. 海绵城市建设中的雨洪资源综合利用措施——以北京市海绵城市试点道路工程为例 [J]. 中国水土保持，2022（07）：14–15+71.

[88] 董卫爽. 雨水花园对降水径流水量的削减及污水净化能力分析 [J]. 水科学与工程技术，2020（01）：26–29.

[89] Masayu Norman, Helmi Shafri, Shattri B. Mansor, et al. Review of remote sensing and geospatial technologies in estimatin g rooftop rainwater harvesting （RRWH） quality [J]. International Soil and Water Conservation Research, 2019，7（3）：266–274.

[90] M. Zeleňáková, G. Markovič, D. Kaposztásová et al. Rainwater Management in Compliance with Sustainable Design of Buildings [J]. Procedia Engineering, 2014，89.

[91] Musayev S, Burgess E, Mellor J .A global performance assessment of rainwater harvesting under climate [J]. Change, Resources, Conservation & Recycling, 2018：132（2018），62–70.

[92] T. Schuetze. Rainwater harvesting and management policy and regulations in Germany [J]. Water Science and Technology: Water Supply, 2013，13（2）：376–385

[93] F M Schets, R Italiaander, H H J L Van Den Berg. A.M.de Roda Husman.Rainwater harvesting: quality assessment and utilization in The Netherlands [J]. journal of water and health, 2010，（08）.2：224–235

[94] Berlin Senate Department for Urban Development. Rainwater management concepts–greening buildings, cooling buildings （planning construction, operation and maintenance guidelines）.

[M]. Berlin: Berlin Senate Department for Urban Development. 2010: 1-20.

[95] Peter Melville-Shreeve, Sarah Ward, David Butler. Rainwater Harvesting Typologies for UK Houses: A Multi Criteria Analysis of System Configurations. [J]. Water, 2016: 8 (4).

[96] Alan Fewkes. A review of rainwater harvesting in the UK. [J]. Structural Survey, 2012, 30 (2): 174-194.

[97] Ghisi E, Ferreira D F. Potential for potable water savings by using rainwater and greywater in a multi-storey residential building in southern Brazil [J]. Building and Environment, 2007 (42): 2512-2522.

[98] Ward S, Memon F A, Butler D.Performance of a large building rainwater harvesting system [J]. Water Reserarch. 2012 (46): 5127-5134.

[99] Alley W Mand Smithpe. Distributed Routing Rainfall——Run off Model: Versioull. US Geological Survey, Geological Survey Open File Report [R]. Virginia: Richmond, 1982.

[100] 勒·柯布西耶，W·博奥席耶，O·斯通诺霍. 柯布西耶全集·第一卷·1910～1928年[M]. 牛燕芳，程超，译. 北京：中国工业出版社，2005：48.

[101] Fathy H. Natural Energy and Vernacular Architecture: principles and examples with reference to hot arid climates [J]. Chicago: The University of Chicago Press, 1986: 165-166.

[102] 傅筱. 浅析西方建筑檐口形式的演变——从防雨功能角度[J]. 南方建筑，2009(01)：36-39.

[103] 克里斯丁·史蒂西.DETAIL建筑细部系列丛书：建筑表皮.[M]. 贾子光，张磊，姜琦，译. 大连：大连理工大学出版社，2009.

[104] 徐华伟，胡纹，冯晨. “介质流动”与“多孔渗透”——新媒介视角下的建筑表皮设计流变[J]. 新建筑，2018(01)：78-81.

[105] 莱瓦里奥. 雨水设计：雨水收集·贮存·中水回用[M]. 北京：中国建筑工业出版社，2012.

[106] 王文亮，李俊奇，车伍，等. 城市低影响开发雨水控制利用系统设计方法研究[J]. 中国给排水，2014，30(24)：12-17.

[107] 李梅，李佩成，于晓晶. 城市雨水收集模式和处理技术[J]. 山东建筑大学学报，2007，22(6)：517-520.

[108] 车伍，闫攀，杨正，等. 既有建筑雨水控制利用系统改造策略[J]. 住宅产业，2012(09)：24- 27.

[109] 黄涛，王建龙，王明宇，等. 蓝色屋顶调节城市雨水径流的方法及可行性分析[J]. 中国给水排水，2014，30(23)：149-153.

[110] 孙长惠. 立体绿化与建筑一体化设计结合方式初探[J]. 华中建筑，2012(9)：28-30.

[111] 中国住房和城乡建设部. 建筑结构荷载规范：(GB50009-2019)[S]. 北京：中国建筑工业出版社，2012.

[112] 徐晨，詹健，胡嘉俊，等. 粗放式绿色屋顶雨水径流滞蓄截污效果影响因素研究进展

[J]. 环境工程，2020，38（09）：76-81.

[113] 冒亚龙，何镜堂. 遵循气候的生态城市节能设计[J]. 城市问题，2010，（6）：44-49.

[114] 程子君，戚智勇. 以装配式绿墙工程为例浅谈装配式立体绿化[A]. 浙江人文园林股份有限公司.人文园林（2018年6月）[C]. 杭州人与文化艺术有限公司，2018：6.

[115] 徐佩，李明. “海绵城市”概念在城市排水设计中的应用探究[J]. 城市建筑.2015（15）.

[116] 曹秀芹，车伍. 城市屋面雨水收集利用系统方案设计分析[J]. 给水排水，2002，28（1）：13-15.

[117] 中华人民共和国住房和城乡建设部. 建筑与小区雨水利用工程技术规范GB50400-2006[S]. 北京：中国建筑工业出版社.

[118] 车武，刘红，孟光辉. 雨水利用与城市环境[J]. 北京节能.1999-3.

[119] 车伍，李俊奇. 城市雨水利用技术与管理[M]. 北京：中国建筑工业出版社，2006.

[120] 胡爱兵，李子富，张书函. 模拟生物滞留池净化城市机动车道路雨水径流[J]. 中国给水排水，2012，（13）：75-79.

[121] 邢薇，赵冬泉，陈吉宁，等. 基于低影响开发（LID）的可持续城市雨水系统[J]. 中国给水排水，2011，27（20）：13-16.

[122] 邓风，孙文全，杨金虎，等. 屋面雨水生态净化集成处理系统的应用[J]. 中国给水排水，2009，25（10）：76-78.

[123] 苏东彬，张书函，陈建刚，等. 城市雨水利用技术体系构建研究[J]. 水利科技与经济，2011，17（5）：26-27，32.

[124] 陈绿娟. 湿地植物在雨水花园中的作用[J]. 农村经济与科技，2019，30（18）：13-14.

[125] 莫琳，俞孔坚. 构建城市绿色海绵——生态雨洪调蓄系统规划研究[J]. 城市发展研究，2012，19（05）：130-134.

[126] 田仲，苏德荣，管德义. 城市公园绿地雨水径流利用研究[J]. 中国园林，2008（11）：61-65.

[127] 胡倩，孙静，曹礼昆. 城市雨水景观设施的建设与改造[J]. 中国园林，2007，23（10）：66-72.

[128] 左燕霞，张乃瑾，张建峰. 干旱山区雨水资源利用研究综述[J]. 水资源研究，2016，5（01）：65-70.

[129] 程航，陈旭远，刘佳. 城市景观水体污染分析及控制技术研究进展[J]. 安徽农业科学，2010，38（6）：3102 - 3104.

[130] 王琳，李敬伟，宫朝举，等. 高校景观水体水质调查与富营养状态评价[J]. 安徽农学通报，2010，16（9）：154 - 157.

[131] Phillips B M. Residential Manmade Lake System Design for Storm Water Treatment [C]. World Environmental and Water Resources Congress.2006：1-5.

[132] 邱巧玲."下沉式绿地"的概念、理念与实事求是原则[J].中国园林，2014(6)：51-54.

[133] Mullaney J, Lucke T, Trueman S J. A review of benefits and challenges in growing street trees in paved urban environments [J]. Landscape & Urban Planning, 2015.134：157-166.

[134] Robert M Elliott.Vegetated Infrastructure for Urban Stormwater Management：Advances in Understanding, Modeling and Design [D]. Columbia University.2015.

[135] 曲向荣.土壤环境学[M].北京：清华大学出版社，2010.

[136] 王兆庚，郭祺忠，陈继建，等.建筑屋面雨水有压回补地下水理念与潜力评估[J].水利学报，2019，50(8)：999-1009.

[137] 宋进喜，宋令勇，何艳芬，等.基于GIS的西安市雨水收集潜力估算[J].干旱区地理，2009，32(6)：874-879.

[138] 王嘉怡，李榜晏，付汉良，等.节水型园林建设中市民社会行为特征及影响因素研究——以西安市为例[J].水土保持通报，2017，37(04)：315-320.

[139] 尹炜，李培军，可欣，等.我国城市地表径流污染治理技术探讨[J].生态学杂志，2005(05)：533-536.

[140] 车武，汪慧珍，任超，等.北京城区屋面雨水污染及利用研究[J].中国给水排水，2001，17(6)：57-61.

[141] 任勇翔，刘强，王希，等.西安城区海绵城市建设设计降雨量与不透水地面分布研究[J].西安建筑科技大学学报(自然科学版)，2018，50(1)：100-104.

[142] 西安市人民政府.西安市人民政府办公厅关于印发西安市海绵城市建设实施方案的通知[EB/OL] [2023 - 7 - 20] https：//www.xa.gov.cn/gk/zcfg/szbf/5d4956c1fd850833ac63138c.htm

[143] 西安市生态环境局.2019年西安市生态环境状况公报[R].2020-6-05.

[144] 西安市地方志办公室编.西安年鉴(2019)[M].北京：世界图书出版社，2019.

[145] 胡志平，温馨，张勋，等.湿陷性黄土地区海绵城市建设研究进展[J].地球科学与环境学报，2021，43(02)：376-388.

[146] 许道坤，吕伟娅，张军.屋顶绿化在隔热降温·蓄水减排和净化屋面径流污染中的作用[J].安徽农业科学，2012，40(03)：1604-1606+1644.

[147] 车伍，李俊奇，刘红，等.现代城市雨水利用技术体系[J].北京水利，2003，(3)：16-18.

[148] 西安市人民政府.西安市创建国家节水型城市实施方案[R].2018.

[149] 李晓静，陈勇，等.城市地下排水管道评价体系探究—— 以渭南市为例[J].测绘，2018，41(05)：208-213.

[150] 成玉宁.数字景观——中国第四届数字景观国际论坛[M].南京：东南大学出版社，2019.

[151] 吴盈盈，佘敦先，夏军，等.典型LID措施对城市降雨径流过程影响[J].南水北调与水利科技(中英文)，2021，19(05)：833-842.

[152] 韩晓莉，宋功明，段良斌，等.一种可排水混凝土路缘石的浇筑反模模具.陕西省：

CN110640873A［P］. 2020-01-03.

［153］李凯茵，刘飞. 西安城市道路布局规划分析及建议［J］. 科学技术创新，2018（30）：112-114.

［154］张琼华，王倩，王晓昌，等. 典型城市道路雨水径流污染解析和利用标准探讨［J］. 环境工程学报，2016，10（07）：3451-3456.

［155］陈莹，赵剑强，胡博. 西安市城市主干道路面径流污染特征研究［J］. 中国环境科学，2011，31（05）：781-788.

［156］周曦. 城市绿地增扩新途径：绿化与建筑空间的复合设计［M］. 南京：东南大学出版社，2015.

［157］周倩倩，张茜，任毅，等. 基于室外LID 渗透试验的绿地仿真建模及改造评估［J］. 中国给水排水，2020，36（19）：109-113.

［158］闫霄雯，李俊奇，郭晓鹏. 绿色雨水基础设施适应性植物的选择和设计［J］. 环境工程，2020，38（06）：170-175+251.

［159］苏义敬，王思思，车伍，等. 基于“海绵城市”理念的下沉式绿地优化设计［J］. 南方建筑，2014（03）：39-43.

［160］钱江锋，赵听，赵锂，等. 中关村国际商城雨水利用工程介绍［J］. 给水排水，2011，37（4）：70-72.

［161］王淑芬，杨乐，白伟岚. 技术与艺术的完美统一——雨水花园建造探析［J］. 中国园林，2009，25（06）：54-57.

［162］胡继连，葛颜祥，李春芳. 城市雨水资源化利用政策研究［J］. 山东社会科学，2009，（1）：80-84.

［163］何强，柴宏祥. 绿色建筑小区雨水资源化综合利用技术［J］. 环境工程学报，2008，2（2）：205-207.

［164］牛文全，吴普特，冯浩，等. 区域雨水资源化潜力计算方法与利用规划评价［J］. 中国水土保持科学，2005，3（3）：40-44.

［165］单进，戴子云. 北京常用草坪式屋顶绿化轻型基质对屋面雨水径流控制影响研究［J］. 北方园艺，2019（20）：86-91.

［166］宫永伟，宋瑞宁，戚海军，等. 雨水断接对城市雨洪控制的效果研究［J］. 给水排水，2014，50（01）：135-138.

［167］张善峰，宋绍杭，王剑云. 低影响开发——城市雨水问题解决的景观学方法［J］. 华中建筑，2012，30（05）：83-88.

［168］葛德，张守红. 不同降雨条件下植被对绿色屋顶径流调控效益影响［J］. 环境科学，2018，39（11）：5015-5023.

［169］陈丽君，郑智聪，赖钟雄. 商业综合体屋顶景观设计研究——以福清富创世纪城为例［J］. 长江大学学报（自科版），2015，12（09）：24-28+35+5.

［170］李帅杰，程晓陶. 福建福州市屋顶绿化及雨水收集对雨洪的调节作用［J］. 中国防汛抗旱，2012，22（02）：16-20.

[171] 戴子云，谢军飞，许蕊．北京地区绿色屋顶的径流特征研究 [J]．建筑节能（中英文），2022，50（05）：99–104.

[172] 董潇君，赵廷红．西北校园雨水收集利用的可行性研究 [J]．建筑节能，2020，48（12）：132–136.

[173] 岳红岩，基于雨水资源利用的西安住区雨水景观设计策略研究——以新建高层住区为例 [D]．西安建筑科技大学，2021.

[174] 周艺贤．基于雨水利用的办公建筑绿色屋顶设计研究——以沣西新城为例 [D]．西安建筑科技大学，2021.

[175] 郭志瑞．基于雨水利用的城市街道景观微改造策略研究——以西安市碑林区为例 [D]．西安建筑科技大学，2021.

[176] 牛子聪．西安半湿润气候条件下回应雨水的建筑表皮优化设计研究 [D]．西安建筑科技大学，2021.

[177] 史小珂．西安市雨水花园植物景观评价及优化研究 [D]．西安建筑科技大学，2021.

[178] 杨梦杰．绿色发展理念下西安市办公建筑立体绿化应用研究 [D]．西安建筑科技大学，2021.

[179] 张晋菘．雨洪调控导向下的西安市商业建筑屋顶空间设计策略研究 [D]．西安建筑科技大学，2023.

[180] 胡倩．城市雨水利用系统研究 [D]．北京林业大学，2008.

[181] 刘丹丹．北方城市雨水资源价值认识及有效利用——以西安市为例 [D]．西安建筑科技大学，2011.

[182] 陈晓昱．基于减荷及迟滞雨水径流的绿色屋顶研究 [D]．华中科技大学，2018.

[183] 褚瑞基．卡洛．史卡帕空间中流动的诗性 [M]．香港：香港书联城市文化事业有限公司，2013：200–206.

[184] 汤凤龙．“匀质”的秩序与“清晰的建造”——密斯・凡・德・罗 [M]．北京：中国建筑工业出版社，2012：151.

[185] W・博奥席耶．柯布西耶全集・第一卷 [M]．北京：中国建筑工业出版社，2005：18.

[186] 许建超．基于雨洪管理的西安住区雨水景观生态设计手法研究 [D]．西安建筑科技大学，2018.

[187] 闫春燕．绿色环保型建筑雨水综合利用过程中节水及能耗分析 [J]．地下水，2020，42（01）：94–97.

[188] 汤钟，李亚，张亮．高密度开发强度下海绵城市建设方案探索，2017中国城市规划年会 [C]．中国广东东莞.2017.52–63.

[189] 朱芷贤．基于雨水收集系统的建筑立体绿化设计研究 [D]．沈阳建筑大学，2016.

[190] 苗展堂．微循环理念下的城市雨水生态系统规划方法研究 [D]．天津大学，2013.

[191] 杨凤茹，陈亮，张雅卓，等．基于综合效益目标的雨水利用适宜模式构建——以天津中心城区为例 [J]．给水排水，2022，58（S1）：226–236.

[192] 刘慧荣．西安地区降水时空变化特征及预测研究 [D]．长安大学，2014.

[193] 曹宇．城市高密度聚集区公共空间景观的可持续再生 [D]．西安建筑科技大学，2018.

[194] 施金凤．基于生态性景观基础设施的城市雨水广场设计 [D]．南京艺术学院，2020.

[195] 樊剑鸿，黄建，王锐，等．海绵城市外立面雨水方案设计 [J]．应用技术与设计，2018：49-50.

[196] 刘强．西安市主城区海绵城市建设现状分析与海绵体优化组合方式研究 [D]．西安建筑科技大学，2017.